Hans-Jürgen Becker

Boeing 707

Geschichte eines legendären Flugzeuges

D-ABOF

Hans-Jürgen Becker

Boeing 707

Geschichte eines legendären Flugzeuges

GeraMond

Titelbilder: Lufthansa

Die Deutsche Bibliothek – CIP-Einheitsaufnahme

Ein Titeldatensatz für diese Publikation ist bei
Der Deutschen Bibliothek erhältlich

ISBN 3-7654-7227-1

1. Auflage 2001

Lektorat: Peter Pletschacher
Layout: Gramma GmbH, München
Herstellung: Hubert Bertele
Druck: Mladinska knjiga Tiskarna, Ljubljana
Printed in Slovenia

Inhalt

Die Boeing 707 gehörte bis weit in die 70er Jahre hinein zu den wichtigsten Verkehrs- und Transportflugzeugen.

Hier präsentiert sich eine 707-251C des britischen Transportspezialisten „HeavyLift“ auf dem Weg von Brest nach Shannon. Das Flugzeug verfügt über neue Triebwerksverkleidungen, die "hush-kits" genannt werden und den Lärmpegel deutlich reduzieren.

Vorwort

RICHTUNGSWEISEND – gerne verwenden Flugzeughersteller diesen Begriff für ihre Produkte, tatsächlich trifft er jedoch nur auf wenige Flugzeuge zu.

Wenn wir heute auf die Entwicklung des Luftverkehrs im 20. Jahrhundert zurückblicken, so drängen sich auf Anhieb nur eine Handvoll Flugzeugmuster auf, die wirklich in der Lage waren, die zivile Luftfahrt nachhaltig zu beeinflussen und zu prägen. Zweifellos gehört die Boeing 707 dazu.

Das Konzept, das zur Projektierung des Airliners führte, war genial. Auf Basis eines Entwurfs – des Modells 367-80 – begann Boeing mit der Fertigung einer ganzen Reihe von Flugzeugen, wobei auch der Militärsektor nicht ausgespart blieb.

Das Modell 367-80, besser als „Dash 80" bekannt, diente dem findigen Boeing Management zum Aufbau einer vielköpfigen Flugzeugfamilie, eine Philosophie, die viele Jahre später von Airbus Industries erfolgreich übernommen wurde.

Aus dem Stammvater „Dash 80" ging nicht nur das Verkehrsflugzeug 707, sondern auch das Transport- und Tankerflugzeug 717 sowie der kleinere Airliner 720 hervor. Diese Muster dienten ihrerseits als Keimzellen für unzählige Baureihen und Sonderversion bis hin zu den militärischen Spezialvarianten E-3 „AWACS", E-6 „Mercury" und E-8 „J-Star".

Als es zum Bau der vorgenannten Modelle kam, hatte die 707 ihren Zenit als Verkehrsflugzeug schon lange überschritten. Sie war zu diesem Zeitpunkt bereits Legende. Ein Flugzeugmuster das Luftfahrtgeschichte geschrieben hatte. Im Wettlauf um den ersten „Jet-Airliner" lag die 707 zwar weit abgeschlagen hinter der de Havilland „Comet", doch das war nicht entscheidend. Während die Briten die „Comet" nach einer verheerenden Unfallserie stillegen und umfänglich abändern mussten, konnte Boeing mit der 707 den Luftfahrtgesellschaften ein zuverlässiges, gutmütiges und wirtschaftliches Verkehrsflugzeug vorstellen, das zunächst konkurrenzlos da stand. Boeings Mitbewerber hatte die Zeichen der Zeit nicht richtig gedeutet, sie setzten weiterhin auf Kolbenmotoren und Turboprop-Triebwerke. Erst nach dem Debüt der 707 kam es zu einer Kehrtwende. Die Firma Douglas – damals noch Marktführer auf dem Sektor der Verkehrsflugzeuge – beeilte sich, den „Jet-Airliner" DC-8 so rasch wie möglich zu realisieren und in der Tat sah es so aus als könnte Douglas das Rennen für sich entscheiden.

Boeing konterte mit ungewöhnlichen Mitteln; man ging gezielt auf die einzelnen Luftfahrtgesellschaften zu und passte die 707 durch eine Reihe von Maßnahmen den Bedürfnissen der jeweiligen Airlines an. Ein Schritt, der sehr viel Geld kostete, sich nachträglich allerdings bezahlt machte. Die Verkaufszahlen schnellten in die Höhe, schlussendlich lagen sie deutlich oberhalb der DC-8.

Die Einführung der 707 in den Liniendienst führte zu einem deutlichen Anstieg der Auftragseingänge. Entscheidend dafür waren zwei Gründe, zum einem verlangten die Passagiere nach dem hochmodernen Flugzeug – Jets waren bis dato ein Privileg der Militärpiloten – zum anderen ließ sich mit der 707 Geld verdienen. Gegenüber den herkömmlichen Verkehrsflugzeugen transportierte sie fast doppelt so viele Fluggäste mit wesentlich höherer Geschwindigkeit. Mit anderen Worten : bei gleichem Zeitaufwand wurde ein Passagieraufkommen erreicht, das man bis dahin auch nicht annähernd für möglich gehalten hatte.

Binnen kurzer Zeit eroberte sich die 707 eine marktführende Position, die sie dank eines weltweiten Servicenetzes immer weiter ausbauen konnte. Der Boeing 707 kommt damit das Verdienst zu, dem strahlgetriebenen Luftverkehr zum Durchbruch verholfen zu haben.

Auch heute – fast 50 Jahre nach dem Erstflug der „Dash-80" – begegnet uns immer wieder die herausragende 707, deren älteste Exemplare mittlerweile 80 bis 90.000 Flugstunden aufweisen, sowohl in ziviler als auch in militärischer Form. Bis zum Ausscheiden der letzten 707 aus dem aktiven Dienst werden noch viele Jahre vergehen.

Aufgabe des vorliegenden Buches war es, die Entwicklungsgeschichte, den Einsatz, die Technik und die Baureihen der Boeing 707 vorzustellen, dabei ergänzt ein umfangreicher Anhang die Darstellung. Hans-Jürgen Becker,
Dortmund im Herbst 2000

Danksagung

Ein Wort des Dankes an die Personen und Firmen, die mich bei der Erstellung des Buches unterstützt haben, ist für mich keine lästige Pflichtübung, sondern ein echtes Bedürfnis. Frau Ludewig von der Bildstelle der Lufthansa in Köln möchte ich ebenso danken wie den Herren Heinz Birkholz, Hans Holzer, Gerhard Lang, Hellmut Gerresheim und last but not least Rudolf Höfling. Ferner halfen bei der Überlassung von Bildmaterial die Boeing Company Seattle und die Boeing Pressestelle Frankfurt. Auch an diese Adressen ein herzliches Dankeschön.

1 *Die Boeing Company* Ein historischer Rückblick

Wenn heute irgendwo auf der Welt der Name Boeing fällt, denkt man unwillkürlich an die so überaus erfolgreiche Airliner-Familie, von der jedes Mitglied – sei es die 727, die 737, die 747 oder 757, um nur drei zu nennen – zum Erfolg des Unternehmens beigetragen hat. Den Anfang dieser, für die zivile Luftfahrt so wichtigen, Entwicklung markiert die Modell-Reihe 707/720, die im Mittelpunkt dieser Veröffentlichung steht. Mit dem Bau des inzwischen als klassisch einzustufenden Verkehrsflugzeuges leitete Boeing eine Wende in der Priorität seiner Konstruktionstätigkeit ein. Innerhalb weniger Jahre wandelte sich das Unternehmen vom „Bomber-Produzenten" zum „Verkehrsflugzeug-Spezialisten", der mit mehr als 8.000 Jet-Airlinern eine über Jahrzehnte hinweg marktbeherrschende Stellung einnahm, die erst mit dem Auftauchen der erfolgreichen „Airbus-Serie" ernsthaft bedroht wurde.

Bevor die Geschichte der 707/720 mit all ihren zivilen und militärischen Ableitungen aufgeblättert wird, soll ein kurzer historischer Rückblick – der sich von den Anfängen bis zur Entwicklung der „Stratocruiser" erstreckt – den Leser auf das Thema einstimmen.

Der Gründer des Unternehmens, William E. Boeing, wurde am 1.Oktober 1881 als Sohn eines wohlhabenden Holz-Kaufmannes in Detroit, Michigan, geboren. Nach Studienjahren an der Yale-Universität trat er in die Fußstapfen seines Vaters. Sicherlich hätte sich an seinem beruflichen Werdegang kaum etwas verändert, wäre er nicht im Juni 1914 anlässlich eines Fluges mit einem Curtiss-Seeflugzeug zum erstenmal mit der Fliegerei in Berührung gekommen.

Boeing war danach davon überzeugt, dass dem Flugzeug die Zukunft gehören würde, gleichzeitig vertrat er die Auffassung, dass die vorhandenen Flugapparate, was ihre Lebensdauer und Festigkeit anbetraf, noch erheblich verbessert werden konnten, wobei er als Holzfachmann auf diesen natürlichen Werkstoff setzte. Boeing war sich aber auch darüber im klaren, dass sich ein Einstieg in den Flugzeugbau nur dann lohnte, wenn größere Stückzahlen in die Produktion gehen konnten. In der US Navy sah er einen potentiellen Kunden, der finanzkräftig genug war, entsprechende Mengen zu ordern. Boeing suchte aus diesem Grund die Zusammenarbeit mit Commander G. Conrad Westervelt, einem Offizier der US Navy, mit dem er 1915 die Firma Boeing-Westervelt – kurz B&W genannt – gründete.

Erstes Produkt des jungen Unternehmens war das am 29. Juni 1916 eingeflogene und in zwei Exemplaren gefertigte Modell 1, das sich noch stark an einem Wasserflugzeug der Firma Martin orientierte.

Die Zusammenarbeit mit Westervelt war nur von kurzer Dauer, da der Offizier an die Ostküste der Vereinigten Staaten abkommandiert wurde. Die Firma B&W löste sich auf und Boeing gründete am 15. Juli 1916 die Pacific Aero Products, die am 26. April 1917 in Boeing Aeroplane Company umbenannt wurde. Zu diesem Zeitpunkt hatte das Unternehmen mit dem Modell 1 (es wird durchgehend die deutsche Schreibweise des Wortes Modell verwendet) und dem darauffolgenden Modell 2 das Interesse der US Navy auf sich gezogen, die nach dem Eintritt der USA in den Ersten Weltkrieg 50 Exemplare des seegestützten Modells 5 für Trainingszwecke orderte. Damit war der Grundstein für die weitere Entwicklung der Firma bis hin zum größten Flugzeughersteller der Welt gelegt. Der Kriegsverlauf beherrschte von nun an die Aktivitäten des Unternehmens, das neben zahlenmäßig unbedeutenden Eigenentwicklungen in die Lizenzfertigung von Flugzeugen und Flugzeugteilen einbezogen wurde, wobei die Produktion von 200 Thomas-Morse Jagdflugzeugen einen besonderen Platz einnimmt.

Während die meisten US-Zellenhersteller mit dem Ende des Ersten Weltkrieges deutliche Beschneidungen ihrer Militärflugzeug-Fertigung hinnehmen mussten, konnte Boeing mit der von 1920 bis 1925 durchgeführten Lizenzproduktion des britischen Mehrzweck-Doppeldeckers de Havilland D.H.4 noch einmal einen bedeutenden Auftrag verbuchen.

In den folgenden Jahren entstanden zahlreiche Neuentwicklungen, von denen an dieser Stelle nur auf die Verkehrsflugzeuge eingegangen werden kann. Nachdem Boeing erste Erfahrungen mit Postflugzeugen, von denen das Modell 40 auch bis zu vier Passagiere befördern konnte, gesammelt hatte, begann 1928 mit dem Modell 80 die Entwick-

Das Post- und Passagierflugzeug Model 40 mit offenem Cockpit und geschlossener Fluggastkabine.

lung eines ausgewachsenen Verkehrsflugzeuges, das in Doppeldecker-Bauweise und dreimotorig erstellt wurde. Die für zwölf Fluggäste konzipierte Maschine war mit sechzehn Exemplaren, die sich auf die Varianten Modell 80, 80A, 80B und 226 aufteilten, nicht gerade das, was man einen Erfolg nennt, jedoch zeigte das Muster, das in Form des Modells 80A eine Reisegeschwindigkeit von 200 km/h und eine Reichweite von 850 km erzielte, dass Boeing durchaus in der Lage war, auch auf dem Gebiet des zivilen Flugzeugbaues Fuß zu fassen. Bereits der nächste Entwurf eines Verkehrsflugzeuges und zwar des Modells 247, dokumentiert dies in eindrucksvoller Weise, markiert er doch den Beginn einer neuen Ära des Luftverkehrs.

Aufbauend auf dem Bombertyp B-9 und dem Postflugzeug Modell 40 verfügte der am 8. Februar 1933 eingeflogene Ganzmetall-Tiefdecker bereits über ein einziehbares Fahrwerk und eine aerodynamisch gut durchgebildete Linienführung. Mit zwei luftgekühlte 550 PS (431 kW) Pratt & Whitney „Wasp"-Motoren erreichte das Flugzeug eine Reisegeschwindigkeit von 250 km/h. Damit überbot das für zehn

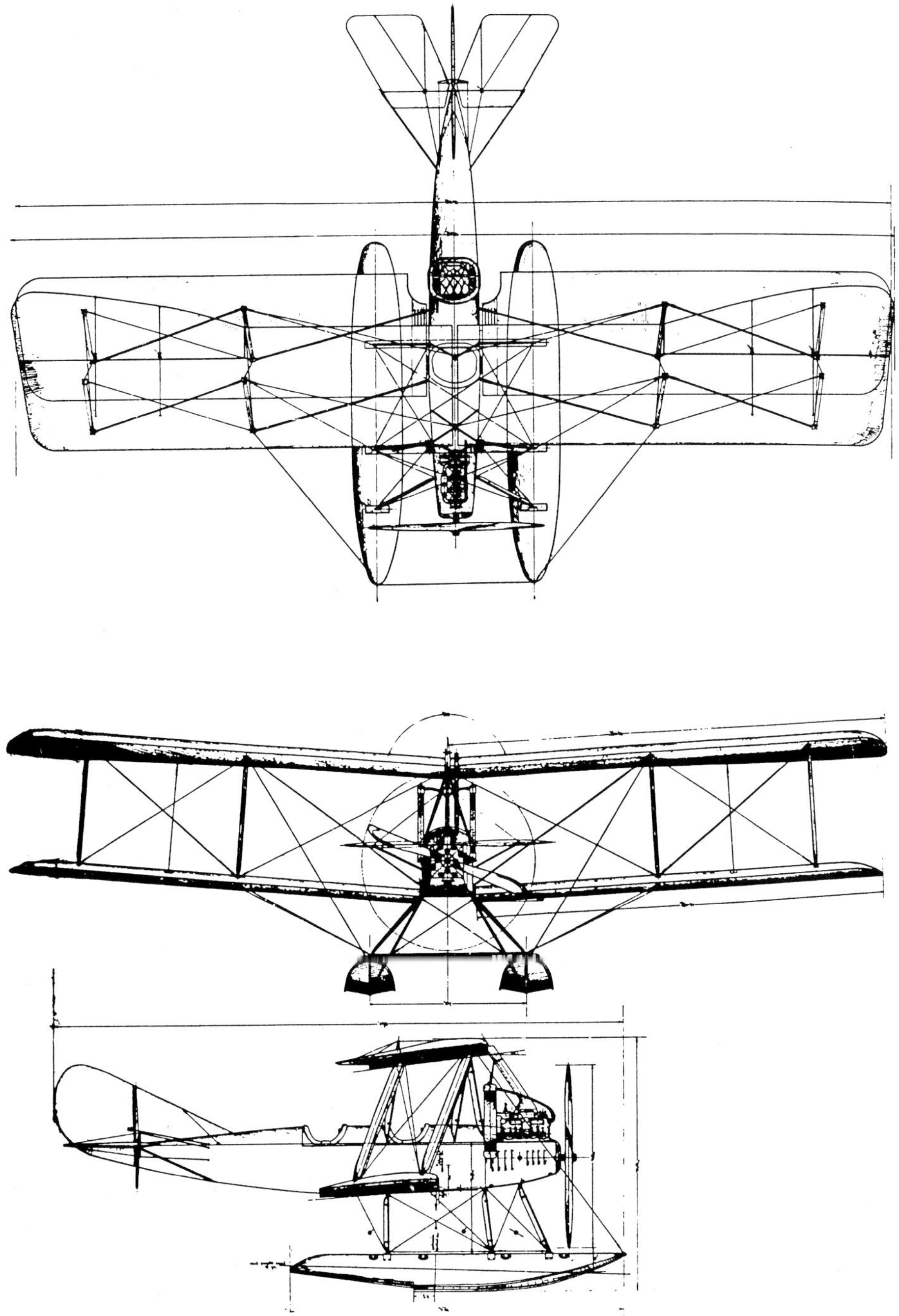

Unter dem Firmennamen Pacific Aero Products entstand das Boeing Model 2, das auch als C-4 bekannt wurde.

Oben: Das Boeing Model 247 setzte ab 1933 neue Maßstäbe im zivilen Flugzeugbau.

Unten: 1938 bot Boeing das Langstrecken-Verkehrsflugzeug Model 307 "Stratoliner" zum Preis von 315.000 US-Dollar an. Das für 33 Passagiere ausgelegte Flugzeug basiert weitgehend auf dem Bomber B-17C.

Passagiere ausgelegte Muster seine dickflügeligen, mit starren Fahrwerken ausgestatteten Zeitgenossen mehr als deutlich.

Nach dem Bau von 61 Maschinen der Initialversion, von denen zwei an die Lufthansa gingen, und der Fertigung einer 247A, schaltete die Produktion auf das Modell 247D, das in dreizehn Exemplaren aufgelegt wurde, um. Diese Ausführung brachte es dank aerodynamischer Verbesserungen, wie neue Windschutzscheiben, NACA-Hauben für die Triebwerke und des Einsatzes von Getriebe-Versionen des „Wasp"-Motors, auf eine Reisegeschwindigkeit von 304 km/h und eine Reichweite von rund 1300 km. Diese Leistungen waren so hoch, dass man sich entschloss, die meisten Flugzeuge der Basisversion auf den Stand der Baureihe D zu bringen.

Hauptabnehmer des Flugzeuges war mit 59 Maschinen United Air Lines (UAL), die während des Zweiten Weltkrieges 27 Exemplare an die US Army Air Force abgab. Hier tat das Muster als Transporter unter der Bezeichnung C-73 Dienst.

Wie robust und zuverlässig die Konstruktion war, zeigt der Umstand, dass sich noch eine Maschine in privater Hand bis in die 70er Jahre hinein im Einsatz befand.

An dieser Stelle noch einen Blick auf die erwähnten Flugzeuge für die Deutsche Lufthansa. Das hochmoderne Modell 247, das u.a. über einen Autopiloten und pneumatische Enteisung der Tragflächen verfügte, zog das Interesse des Reichsluftfahrtministeriums (RLM) auf sich. Offiziell wollte das Ministerium jedoch nicht als Kaufinteressent auftreten, so dass die Lufthansa die entsprechenden Gespräche führte. Verhandlungsführer in den USA war der ehemalige Leiter der Technischen Entwicklung der Lufthansa, Dr.-Ing. Karl Schatzki, der als Jude aus Deutschland immigriert war!

Im Februar 1934 konnten zwei von drei bestellten Flugzeugen und zwar die Werk-Nr.1944 und 1945 übernommen werden. Werk-Nr.1944 wurde mit dem Kennzeichen D-AKIN ab August 1934 von der DLH eingesetzt, in Wirklichkeit diente es der Luftwaffe für verschiedene Versuche. Am 13. August 1937 stürzte die Maschine, die von Männern der Erprobungsstelle Rechlin geflogen wurde, beim Start in Hannover-Vahrenwald ab, dabei fanden sieben Personen den Tod, ein weiteres Besatzungsmitglied überlebte den Unfall schwerverletzt.

Die Werk-Nr.1945 (D-AGAR) tat ab 1934 bei der Lufthansa Dienst. Überwiegend auf dem deutschen Streckennetz eingesetzt legte sie bis zum Mai 1935 rund 42.000 km zurück. Dann wurde das Flugzeug am Boden von einem französischen Flugzeug gerammt und musste abgewrackt werden.

Bereits 1934 befassten sich die Boeing Werke mit der Entwicklung eines weitreichenden Bombers, der als XB-15 bekannt wurde und ein Einzelstück blieb. Dem erfolglosen Unikat schloss sich das ebenfalls viermotorige Modell 299 an, das unter der US Army Air Force Kennung B-17 „Flying Fortress" nicht nur in die Annalen des Zweiten Weltkrieges einging, sondern mit 12.731 gebauten Einheiten zugleich die erfolgreichste Konstruktion des Unternehmens überhaupt repräsentiert.

Auf Basis des Modell 299H (B-17C) begannen 1935 die Arbeiten an einem zivilen Ableger, der als Modell 307 „Stratoliner" bezeichnet wurde. Während man Tragflächen, Leitwerk und Motorgondeln, sowie die aus vier Wright GR-1820 „Cyclone" (4x900 PS; 4x706 kW) bestehende Triebwerkanlage fast unverändert vom Kampfflugzeug übernahm, stellte der kreisrunde Rumpf, der als Novum über eine Druckkabine verfügte, eine Neuentwicklung dar. Das Flugzeug, das für 33 Passagiere und fünf Besatzungsmitglieder ausgelegt war, absolvierte erst am 31.Dezember 1938 seinen Jungfernflug. Der Prototyp – der noch keinen druckbelüfteten Rumpf besaß – ging im übrigen am 18.März 1940 bei einem Vorführungsflug für die KLM verloren.

Erster Kunde des „Stratoliners" war Multi-Milliardär Howard Hughes, der die Sonderversion SB-307B orderte. Mit dem im Sommer 1939 ausgelieferten Flugzeug wollte Hughes zu einem Rund-um-die-Welt-Flug starten. Aus diesem Grunde verfügte die Maschine über zusätzliche Rumpftanks. Bevor Hughes zur ersten Etappe des Fluges, die von Los Angeles nach Berlin führen sollte, starten konnte, brach der Zweite Weltkrieg aus, und das Unternehmen wurde abgebrochen.

Als erste Fluggesellschaft erhielt Pan American Airways drei Flugzeuge, die sich durch ein neues, vergrößertes Seitenleitwerk, das der B-17F entsprach, vom Prototypen und der SB-307B unterschieden. Pan Am setzte den „Stratoliner" auf dem Latein-Amerikanischen-Streckennetz ein. Während des Zweiten Weltkrieges gab man alle Maschinen an das US Army Air Transport Command, das das Muster als C-75 flog, ab. Auch Transcontinental & Western Air – die spätere Trans World Airline – die fünf Flugzeuge erhalten hatte, stellte der USAAF ihre „Stratoliner" zur Verfügung. Der Zweite Weltkrieg verhinderte den Großserienbau des Musters. Alle Kräfte wurden auf den Bau von Militärflugzeugen konzentriert. Dies bedeutete für Boeing neben der Ausweitung und Neueinrichtung von Produktionsstätten auch eine Aufstockung der Mitarbeiterzahl auf bis dahin unbekannte Ausmaße. So stieg die Zahl der Beschäftigten im Werk Seattle von 1.755 im Jahre 1938 auf 28.840 im Januar 1942 und drei Jahre später waren sogar knapp

N74607
NORTHWEST
707

Feines Portrait einer Boeing Model 377 "Stratocruiser"

Ein KC-97L (Model 367) Tanker der Air National Guard (ANG). Neben vier Pratt & Whitney R-4360-58B Motoren verfügt diese Variante über zwei J47 Turbojets.

45.000 Mitarbeiter für den Zellenhersteller tätig.

Boeing war indes kein Einzelunternehmen mehr. Bereits in den Zwanzigerjahren hatte man, ebenso wie Hugo Junkers in Deutschland, versucht, den Einfluss des Unternehmens auf möglichst viele Bereiche der Luftfahrt zu verstärken. Es entstand 1927 die „Boeing Air Transport Incorporated" (BAT), die mit Flugzeugen des Typs Modell 40 in das Luftpost-Geschäft einstieg. Zur Erweiterung des Streckennetzes übernahm man 1928 die „Pacific Air Transport" und gründete als Dachgesellschaft „The Boeing System". Noch im selben Jahr schuf Boeing in Okland unter dem Titel „School of Aeronautics" eine eigene Ausbildungsstätte, die 1942 von der Army Air Force übernommen wurde.

Das Jahr 1929 zeichnete sich durch eine Reihe von Aktivitäten aus. In Kanada entstand die „Boeing Aircraft of Canada Ltd." und in den USA schloss das Unternehmen Verträge über eine Zusammenarbeit mit der „Chance Vought Corporation", der „Pratt & Whitney Aircraft Company" und der „Hamilton Aero Manufacturing Company", nachdem man zuvor die „Hamilton Metalplane Company" aufgekauft hatte.

Die erwähnten Firmen fanden sich unter dem Namen „United Aircraft and Transport Corporation" (UTAC) zusammen. Später stießen noch weitere Unternehmen aus dem Flugzeugbau, wie die „Sikorsky Aviation Corporation" und die „Stearman Aircraft Company", sowie in Gestalt der „National Air Transport", „Varney Air Lines" und „Stout Airlines" aus dem Bereich der Luftfahrtgesellschaften, hinzu. Doch selbst ein so großer Zusammenschluss blieb von der weltweiten, im Jahre 1929 ausgelösten Wirtschaftskrise nicht verschont. Hinzu kam ein neues Gesetz, das „Air Mail Act", das 1934 verabschiedet wurde und es den Zellen- und Triebwerkherstellern verbot, Anteile an Fluggesellschaften zu halten, die Luftpost beförderten.

Boeing verließ daraufhin die UTAC-Gruppe, übernahm jedoch die Stearman Aircraft Company, deren Produktionsstätte in Wichita zur Boeing Division wurde. Gleichzeitig erfolgte eine Namensänderung in Boeing Aircraft Company. Der Firmengründer William E. Boeing zog sich im August 1933 aus dem Unternehmen zurück. Nicht zuletzt aus Verbitterung über die Einbringung des „Air Mail Act".

Doch zurück in die Jahre des Zweiten Weltkrieges, in die die Entwicklung des viermotorigen Bombers B-29 „Super Fortress" fiel. Ausgestattet mit druckbelüfteten Besatzungsräumen, ferngesteuerten Abwehrständen und Bord-Radar, war das Flugzeug das modernste seiner Art. Zweifelhafte Berühmtheit erlangte das in 3.960 Exemplaren gebaute Muster durch den Abwurf der ersten Atombomben auf die japanischen Städte Hiroshima und Nagasaki.

Aufbauend auf dem B-29 entstand unter der werksinternen Bezeichnung Modell 367 eine Transport-Version, bei der lediglich der Rumpf neu war. Nach dem Bau von drei Prototypen, von denen der erste ab dem 8.November 1944 in die Flugerprobung gehen konnte, orderte die US Army Air Force zehn Vorserienflugzeuge unter der Militärkennung YC-97. Es folgten drei Maschinen der Vorserie YC-97A, die auf dem B-50 – der seinerseits eine Weiterentwicklung des B-29 darstellt – basiert.

Eines der Flugzeuge nahm an der alliierten Luftbrücke zur Versorgung Berlins teil, dabei demonstrierte das Muster alle Vorzüge des geräumigen, zweistöckigen Rumpfes, der als Personen-Transporter bis zu 134 Passagiere aufnehmen konnte. Dank der kraftvollen Pratt & Whitney R-4360-59B Triebwerke (Startleistung je 3500 PS/2527 kW) brachte es das Flugzeug auf eine Höchstgeschwindigkeit von 600 km/h.

Rasch avancierte die C-97 – die den Beinamen „Stratofreighter" trug – zu einem Eckpfeiler innerhalb des militärischen Transportsystems. Nach und nach entstanden diverse Baureihen, darunter auch die ersten Tanker, wobei die Version KC-97G mit 592 Einheiten die bedeutendste Ausführung repräsentiert. Insgesamt wurden 888 C-97 der verschiedenen Ausführungen gebaut.

Bereits in einem frühen Stadium der Entwicklung kam der Gedanke auf, eine Verkehrsflugzeug-Version des Transporters aufzulegen, zumal sich gegen Ende des Zweiten Weltkrieges ein Bedarf für einen weitreichenden Airliner abzeichnete. Aufgrund einiger Änderungen gegenüber den Militärmodellen – diese betrafen unter anderem die Kabinenfenster, die Innenausstattung und den Fortfall der zweiflügeligen Ladeluke unter dem Rumpfheck – trug das Flugzeug nun die Modell-Nummer 377 und den Namen „Stratocruiser".

Bevor der Protoyp des Airliners am 8.Juli 1947 erstmals vom Boden abhob, lag bereits ein erster Auftrag über 20 Flugzeuge von der Pan American Airlines (PAA) vor. Der Carrier erhielt seinen ersten „Stratocruiser" am 31.Juli 1949. Die für damalige Verhältnisse luxuriöse Ausstattung des Musters führte bei PAA zur Einrichtung besonderer Reiseklassen, die als „President" und „President Special" bekannt wurden. In der Tat bot der geräumige Rumpf Außergewöhnliches. So konnten die je nach Bestuhlung im Oberdeck untergebrachten 55 bis 100 Passagiere über eine Wendeltreppe das Unterdeck aufsuchen, in dem sich neben Umkleideräumen für Damen und Herren auch eine behaglich eingerichtete Bar mit zwölf bis vierzehn Sitzplätzen befand. Bei Nachtflügen bestand die Möglichkeit, anstelle der Bestuhlung 28 Betten bereitzustellen.

Obwohl das Modell 377 vom Komfortangebot und den Leistungen her eine gute Lösung darstellte – immerhin betrug die Reisegeschwindigkeit 550 km/h und die maximale Reichweite 7400 km – wurden nur 56 Exemplare gefertigt. Dafür gab es zwei Gründe, zum einen war das Passagieraufkommen nicht so hoch wie erwartet, zum anderen standen mit der Lockheed „Constellation" und der Douglas DC-6 zwei ernstzunehmende Konkurrenten parat.

Mit dem Auftauchen der ersten Jet-Airliner in den späten 50er Jahren wurden die wenigen „Stratocruiser" bevorzugt als Frachtmaschinen eingesetzt, darüber hinaus bauten die israelischen Luftstreitkräfte ein Verkehrsflugzeug zum Tanker um.

Während diese Umrüstung relativ einfach war, stellte der Umbau von „Stratocruisern" zu Spezialtransportern, die unter dem Oberbegriff „Guppy" inzwischen Berühmtheit erlangten, wesentlich höhere Anforderungen an die Konstrukteure.

Die Story dieser Flugzeuge – an deren Entwicklung Boeing keinen Anteil hatte – ist indes zu komplex, um an dieser Stelle darauf eingehen zu können. Der „Stratocruiser" repräsentierte Boeings letztes kolbenmotorgetriebenes Verkehrsflugzeug. Mit der Entwicklung des Mittelstrecken-Bombers B-47 „Stratojet" und des Langstrecken-Kampfflugzeuges B-52 „Stratofortress" hielt das Turbinen-Luftstrahltriebwerk Einzug in das Unter-

Der Bomber B-47 "Stratojet" war das erste Boeing-Flugzeug mit Pfeilflügeln und reinem Strahlantrieb. Beide Konstruktionsmerkmale waren für die weiteren Boeing-Modelle ebenso richtungsweisend wie die Triebwerkaufhängung unter den Tragflächen.

2 Die Dash 80
Keimzelle der modernen Airliner

Mit dem Erstflug des strahlgetriebenen Jagdflugzeug-Prototypen Bell XP-59 „Airacomet" begann am 1.Oktober 1942 für die Luftfahrtindustrie der Vereinigten Staaten das Jet-Zeitalter.

Die Möglichkeiten, die das Turbinen-Luftstrahltriebwerk (TL) den Konstrukteuren eröffnete, führten zu vielfältigen Aktivitäten. Den Grundzielen des damaligen Flugzeugbaues, die schneller, weiter und höher lauteten, schienen nunmehr keine Grenzen gesetzt zu sein, zumal auch das Erreichen der Überschallgeschwindigkeit in greifbare Nähe rückte.

Nach und nach folgten immer mehr US-Zellenhersteller dem Beispiel der Bell Company und setzten auf die neue Antriebstechnik. Innerhalb weniger Jahre ergoß sich ein unablässiger Strom von neuen Kampfflugzeugen mit Strahlantrieb aus den amerikanischen Flugzeugfabriken.

Von dieser rasanten Entwicklung blieben allerdings Transport- und Verkehrsflugzeuge ausgeklammert. Im Gegensatz zu Großbritannien und Kanada, die bereits seit 1949 über die Jet-Airliner de Havilland „Comet" und Avro Canada C.102 verfügten, zeigte man in den USA kein Interesse an solchen Maschinen.

Für diese Abstinenz gab es mehrere Gründe. Das TL-Triebwerk schien für eine zivile Nutzung noch nicht ausgereift genug. Neben einer geringen Lebensdauer und einem hohen Wartungsaufwand schlug bei den Strahltriebwerken der ersten Generation auch der enorme Kraftstoffverbrauch negativ zu Buche. Darüber hinaus bot das Propeller-Luftstrahltriebwerk (PTL) eine attraktive Alternative und nicht zuletzt bereitete der Einsatz von Jet-Airlinern Probleme, das heißt, dass die große Mehrheit der vorhandenen Flughäfen für den Betrieb solcher Flugzeuge ungeeignet war.

Dies galt für Wartungs- und Abfertigungshallen ebenso wie für die Runways, die infolge der hohen Start- und Landegeschwindigkeit, die die TL-Flugzeuge aufwiesen, nicht lang genug und wegen des erheblich höheren Abfluggewichtes nicht ausreichend genug befestigt waren. Aus Kostengründen hatten die Flughafenbetreiber wenig Interesse an einem Ausbau der vorhandenen Anlagen. Neben diesen Schwierigkeiten gab es eine Reihe kleinerer Hindernisse, so ersetzte Kerosin bei den Strahltriebwerken das bis dahin gebräuchliche Flugbenzin und musste demzufolge bevorratet werden. Ein Aufwand, der sich aufgrund des erwarteten, geringen Verkehrsaufkommens nur bei wenigen Flughäfen lohnte. Kurz gesagt war das Einsatzspektrum der ersten Jets infolge mangelnder Bodenorganisation sehr stark eingegrenzt.

Selbstverständlich spielten auch wirtschaftliche Überlegungen eine ganz entscheidende Rolle. Anstelle kostenträchtiger Neuentwicklungen propagierten die großen amerikanischen Flugzeughersteller die konsequente Fortführung bisheriger Konzeptionen. Dementsprechend leitete Douglas aus dem Kolbenmotor-Muster DC-4 die verbesserte DC-6 und aus dieser wiederum die DC-7 ab. Lockheed verfuhr in gleicher Weise mit der „Constellation", aus der die Baureihen „Super Constellation" und „Starliner" entstanden. In diesen Trend fügte sich Boeing nahtlos mit dem Modell 377 „Stratocruiser", einer zivilen Adaption des USAF-Transporters C-97, ein.

Trotz der eindeutigen Absage an den Jet-Airliner war es nur eine Frage der Zeit, wann das erste strahlgetriebene Transportflugzeug der USA auf der Bildfläche erscheinen würde.

Dass dieses Privileg ausgerechnet einem ursprünglich als Lastensegler entworfenen Flugzeug des Typs Chase XCG-20A zuteil wurde, verblüfft dennoch. Ausgerüstet mit vier General Electric J47 Turbojet-Triebwerken, die paarweise in Gondeln unter den Tragflächen angebracht waren, startete die Maschine am 21.April 1951 zum ersten von zahlreichen Testflügen. Obwohl eine Serienfertigung des Flugzeuges in dieser Form unterblieb, signalisierte der von der US Air Force in Auftrag gegebene Umbau das grundsätzliche Interesse der Militärs an entsprechenden Transportern. Anzumerken bleibt, dass es sich bei der XCG-20A um ein Ganzmetallflugzeug handelte, das später von der Firma Fairchild mit zwei Kolbenmotoren ausgestattet und unter der Bezeichnung C-123 in den Serienbau genommen wurde.

Aufmerksame Beobachter der Entwicklung waren die Boeing-Werke, deren Konstruktionsabteilungen seit 1949 an einer deutlich verbesserten Version des Modells 367 (C-97) arbeiteten.

Die weltweite Präsenz der Vereinigten Staaten bedingte eine bis dahin nicht gekannte Flexibilität der schweren Bomberverbände, die ab 1950 mit der Zuführung des Mittelstrecken-Jets Boeing B-47 „Stratojet" modernisiert wurden. Die Indienststellung der fast schallschnellen Maschine sowie der bevorstehende Einsatz des strahlgetriebenen Langstrecken-Bombers Boeing B-52 „Stratofortress" bedingte die Bereitstellung eines sehr schnellen, in großen Höhen operierenden Tankerflugzeuges.

Da eine den Kampfflugzeugen angepasste Geschwindigkeit und Flughöhe weder mit Kolbenmotoren noch mit Turboprops erreicht werden konnte, untersuchte man frühzeitig TL-Versionen der C-97, die gleich drei Funktionen und zwar:

- Tanker
- Transporter
- Airliner

übernehmen sollten.

Roll-out der „Dash 80" am 15. Mai 1954

Unter Beibehaltung der werksinternen Modellnummer entstanden auf den Reißbrettern der Konstrukteure, beginnend mit dem Entwurf 367-40, nach und nach zahlreiche Varianten der Maschine, wobei sich die Unterschiede zum Basismodell hauptsächlich auf die Gestaltung der Tragflächen, des Leitwerkes und der Installation der Triebwerke erstreckten. Den charakteristischen 8-förmigen Rumpfquerschnitt der C-97 behielt man zunächst bei.

Parallel zu diesen Arbeiten untersuchte die Projektabteilung eine Transportausführung des B-47 Bombers. Ein solcher Schritt war bei Boeing keineswegs ungewöhnlich. Waren doch die Modelle 307, 367 und 377 direkte Ableitungen aus den Kampfflugzeugen B-17 und B-29.

Ausgestattet mit zwei britischen „Nene"-Triebwerken sollte die B-47 bis zu 27 Passagiere befördern. Der Basisentwurf, Modell 473-10 wurde schon bald verworfen und durch das Projekt 473-30 mit verlängertem Rumpf ersetzt. Außerdem verzichtete man bei diesem Entwurf auf den zunächst angedachten Einsatz von Zusatztanks. Eine genaue Analyse der B-47 zeigte jedoch, dass ein Umbau wenig erfolgversprechend war und so konzentrierten sich die Ingenieure Ende 1950 ganz auf das Modell 367, deren letzte projektierte Variante – die 367-80 – nichts mehr mit der Originalversion zu tun hatte. Der 8-förmige Rumpfquerschnitt wurde an den Rumpfseiten so abgeplattet, dass die ursprüngliche Form nicht mehr erkennbar war.

Mit 36,42 m wies der Rumpf der 367-80 gegenüber dem Basismodell eine Verlängerung um 2,79 m auf. Gravierender als der vollständig neugestaltete Rumpf machte sich die Verwendung eines Pfeilflügels bemerkbar, der in Verbindung mit vier Pratt & Whitney Triebwerken der Baureihe JT3 dem Flugzeug eine hohe Reisegeschwindigkeit verleihen sollte. Beim JT3, dessen maximaler Schub 4540 kp (44,5 kN) betrug, handelte es sich im übrigen um eine leichtere Zivilausführung des Militärtriebwerkes J57.

Der anfängliche Plan, die Triebwerke paarweise in Gondeln zusammenzufassen, wurde schnell aufgegeben, da die Gefahr bestand, dass ein defektes Triebwerk, zum Beispiel im Brandfall oder bei Schaufelbrüchen, den intakten Antrieb beschädigte und so ein Schubverlust von 50 % auftrat. Daher erfolgte eine Einzelmontage der Aggregate, die weit vor der Flügelvorderkante angeordnet waren, um so eine aerodynamisch möglichst „saubere" Tragfläche zu erhalten.

Sowohl die Gestaltung des Flügels, der eine Pfeilung von 35 Grad aufwies, als auch die Montage der Triebwerke stützten sich auf deutsche Forschungsergebnisse, die sich Boeing erstmals beim Bau der B-47 zunutze machte. Während die Konkurrenzmuster des Bomber-Wettbewerbes noch auf ungepfeilte Tragflügel setzten und somit leistungsmäßig hinter der B-47 lagen, vertraute man bei Boeing auf die deutsche Grundlagenforschung und verschaffte sich so einen erheblichen Entwicklungsvorsprung.

Nachdem man mit der B-47 und B-52 zwei wichtige Großaufträge verbuchen konnte, sollte mit der im Geheimen durchgeführten Entwicklung des Modells 367-80 (Projekt X) nun auch das Feld der Transport- und Tankerflugzeuge erobert werden. Die USAF wies das Konzept eines kombinierten Transport- und Tankerflugzeuges offiziell am 17. August 1951 zurück mit der Begründung, dass kein Geld zur Verfügung stünde und die Reichweite der B-47 und B-52 steigerungsfähig sei, so dass kein Tanker benötigt würde und schließlich wiesen die Militärs darauf hin, dass die B-47 die Aufgaben eines Tankers übernehmen könnte.

Unter diesen schlechten Vorzeichen überraschte die Entscheidung des Boeing Vorstandsvorsitzenden Bill Allen, das Modell 367-80 in Auftrag zu geben. Die kalkulierten Entwicklungskosten bis zur Fertigstellung eines Versuchsmusters betrugen immerhin an die 16 Millionen US-Dollar. Eine für damalige Verhältnisse immense Summe, die weder durch Beteiligungen noch durch Aufträge abgedeckt war und in etwa 50% des Jahresumsatzes entsprach. Als sich der Boeing-Vorstand am 20. Mai 1952 definitiv für den Bau des Flugzeuges aussprach, wurde dieser Schritt auch vom regulären Linieneinsatz der de Havilland „Comet" beeinflusst, die ab dem 2. Mai 1952 in den Farben der B.O.A.C. auf der Strecke London-Johannisburg operierte. Mit der Entscheidung für die 367-80 ging man jedoch kein Vabanquespiel ein. Einerseits verfügte das Unternehmen aufgrund des „Korea-Konfliktes" über prall gefüllte Auftragsbücher, andererseits besaß der Entwurf nicht nur ein beachtenswertes Entwicklungspotential, das die Übernahme verschiedener Aufgaben gestattete, sondern auch ein hohes Leistungsvermögen. Dank seiner Pfeilflügel-Auslegung wies das Muster gegenüber der „Comet" einen deutlichen Leistungsvorsprung auf, der besonders bei der Reisegeschwindigkeit – die um 160 km/h höher lag – ins Auge fiel. Wichtig war dabei nicht so sehr, dass die Passagiere ihr Ziel schneller erreichten, sondern die Möglichkeit, das Flugzeug drei- bis viermal häufiger einsetzen zu können als ein Kolbenmotorflugzeug. Ein Punkt, der die Luftfahrtgesellschaften besonders interessierte. Bei den Überlegungen, das Modell 367-80, das intern nur noch als Dash 80 (Dash für Bindestrich) bezeichnet wurde, herauszubringen, spielt wie erwähnt die vielseitige Verwendbarkeit eine Rolle, wenngleich die Tankerfunktion des Musters etwas im Vordergrund stand.

Tatsächlich bahnte sich für eine solche Variante doch noch ein Erfolg an. Im Jahre 1954 verfasste die US Air Force eine Spezifikation, mit welcher ein leistungsstarker Tanker gefordert wurde, der nach den Planungen in 800 Exemplaren gefertigt werden sollte. Die Ausschreibung ging pro forma an die Firmen Convair, Douglas, Martin, Fairchild und Lockheed, jedoch stand Boeing von vornherein als sicherer Sieger fest. Immerhin besaß man mit den Tanker-Baureihen KB-29, KB-50 und KC-97 nicht nur die meisten Erfahrungen auf diesem Gebiet, sondern mit der im Bau befindlichen Dash 80 einen uneinholbaren Entwicklungsvorsprung.

Die Aussicht, einen lukrativen Air Force-Auftrag zu erhalten, beflügelten die Arbeiten an dem Flugzeug, das am 15. Mai 1954 im Rahmen einer Feierstunde aus der Montagehalle in Renton, Washington rollte und von Bertha Boeing, der Ehefrau des Firmengründers auf die Namen „Jet Stratoliner" und „Jet Stratotanker" getauft wurde. Mit dieser Namensgebung machte das Unternehmen nun auch Außenstehenden, die aufgrund der firmeninternen Geheimhaltungspraxis bis dahin kaum etwas über die Entwicklung in Erfahrung bringen konnten, die zweifache Verwendung des Flugzeuges deutlich.

Aufschluss über die künftige Modell-Nummer der Maschine gab die National-Kennung N 70700. Ursächlich für die Umbenennung war eine Neugestaltung des Boeing-Bezeichnungssystems. Danach wurden die Modellnummern nicht mehr fortlaufend, sondern aufgeteilt nach Triebwerken (Serie 500), Raketen (Serie 600) und Flugzeugen (Serie 700) vergeben. Während das Modell 367-80 in der Öffentlichkeit als Boeing 707 bekannt wurde und der Name „Jet Stratoliner" schnell in Vergessenheit geriet, behielt man werksintern

Zu den vielen Aufgaben, die das Model 367-80 übernahm, gehörte auch die Erprobung von Triebwerken. Die Aufnahme zeigt das Flugzeug mit einem am Rumpf montierten JT8D-1 Triebwerk, das im Rahmen des Boeing 727-Programms untersucht wurde.

aber auch in offiziellen Dokumenten die Originalbezeichnung des Versuchsmusters bei.

In den folgenden Tagen absolvierte das in den Firmenfarben schokoladenbraun und chromgelb bemalte Flugzeug die übliche Bodenerprobung, in deren Mittelpunkt Triebwerk-Standläufe und Rollversuche standen. Dabei kam es eine Woche nach Beginn der Tests, die unter der Leitung des Boeing Chef-Testpiloten Tex Johnston standen, zum Bruch des rechten Fahrwerkbeines, wobei die Tragfläche durchbohrt wurde. Die Reparatur des Flugzeuges und die Ursachenforschung – die einen Materialfehler diagnostizierte – führten zu einer erheblichen Verzögerung des Programmablaufes, so dass der Erstflug des Jet nicht vor dem 15. Juli 1954 stattfinden konnte.

Nach nur 17 Sekunden Rollzeit hob das Flugzeug exakt um 14:14:47 Uhr Ortszeit von der 1.670 m langen Startbahn in Renton vom Boden ab, um 84 Minuten später auf dem Boeing eigenen Testgelände im nahen Seattle sicher zu landen. Die weitere Erprobung erfolgte dann von dort aus.

Während des Jungfernfluges stand Senior-Experimental-Testpilot Dix Loesch Tex Johnston zur Seite. Bereits bei diesem Flug konnten einige Versuche durchgeführt werden. Neben dem Wenden des Flugzeuges, das mit und ohne Setzen der Klappen erfolgte, wurde die Dash 80 bis zum Erreichen der Überziehgeschwindigkeit abgebremst. In einer ersten Stellungnahme äußerte sich Johnston sehr zufrieden über die Flugeigenschaften des Debütanten, der fliegerisch einige Besonderheiten zu bieten hatte.

Die Trimmung erfolgte nicht wie gewohnt über Trimmklappen an den Hinterkanten der Höhenruder, sondern durch Ändern des Einstellwinkels des Höhenleitwerkes auf elektrischem und manuellem Wege. In das Seitenruder integrierten die Konstrukteure eine Gierdämpfung, die das Flugzeug stabil machte und unangenehme Schüttelbewegungen weitgehend ausschaltete.

Die Tragflügel verfügten noch nicht über Hochauftriebshilfen. Hier begnügte man sich zunächst mit großen Doppelspalt-Klappen, die einen weiten Bereich der Flügelhinterkanten beanspruchten.

Erstmalig fanden zwei Querruder bei einem Verkehrsflugzeug Verwendung. Das äußere stand mit den Doppelspaltklappen in Verbindung und konnte nur bei ausgefahrenen Klappen betätigt werden, während das innere Querruder jederzeit aktivierbar war. Zusammen mit den Innenquerrudern übernahmen Spoiler, die ebenfalls zum erstenmal bei einem Airliner zum Zuge kamen, die Steuerung um die Längsachse. Außerdem fungierten die Spoiler – auch Störklappen genannt – als Luftbremsen, die besonders nach der Landung benötigt wurden, da das Abbremsen des schweren, mit hoher Geschwindigkeit aufsetzenden Jets Probleme bereitete.

Entsprechende Erfahrungen machte Johnston mit der Dash 80. Als er am 5. August 1954 unmittelbar nach dem „touch-down" auf die Bremse trat, passierte nichts. Auch die Bremsanlage des Co-Piloten reagierte ebensowenig wie das Notsystem, worauf das Flugzeug über die Runway rollte und mit gebrochenem Bugfahrwerk auf freiem Feld zum Stehen kam. Glücklicherweise waren die Beschädigungen gering, so dass eine zügige Reparatur möglich war. Im Rahmen dieser Arbeiten erfolgten Änderungen innerhalb des Hydrauliksystems, das für die Fehlfunktion der Bremsanlage verantwortlich zeichnete.

Vor dem Unglücksflug hatte Johnston eine Reihe von Bremsversuchen durchgeführt, wodurch sich die Hydraulikflüssigkeit aufheizte. Während des anschließenden Testfluges kühlte die Flüssigkeit nicht nur rasch ab, sondern zog sich dabei zusammen. Da die Hydraulikanlage diesen Zustand als Leck im Leitungssystem zu den Bremsen interpretierte, blieb die Zuführung der Hydraulikflüssigkeit aus.

Mit diesem Zwischenfall war das Thema „Bremsen" noch nicht abgeschlossen. Nach intensiven Bremsversuchen startete das Flugzeug zu einem der zahlreichen Testflüge. In rund 7000 m Höhe gab es plötzlich einen Knall, der Johnston an das Abfeuern einer doppelläufigen Schrotflinte erinnerte. Kaum war das Geräusch verklungen, da meldete bereits das firmeneigene Begleitflugzeug – eine North American F-86 „Sabre" – dass schwarzer Rauch aus den Fahrwerkschächten der Dash 80 austrat. Sofort wurde das in Brand geratene Fahrwerk ausgefahren und das Feuer durch Fahrtaufnahme gelöscht. Obwohl fast alle Reifen zerstört waren, verlief die Landung glatt.

Die unverzüglich eingeleitete Untersuchung ergab, dass die bei den Bremsversuchen aufgetretenen hohen Temperaturen von den Bremsen gespeichert und später auf die Felgen der Reifen übertragen wurden, wodurch es letztlich zum Brand kam. Nachdem man die Bremsanlage gegen ein anderes Fabrikat austauschte, trat das Problem nicht mehr auf.

Die Fahrwerkkonstruktion der Dash 80 stellte im übrigen eine vollständige Neuentwicklung dar. Die Haupteinheiten bestanden aus jeweils zwei Achsen mit insgesamt vier Rädern, die nach innen in die Rumpfunterseiten einschwenkten. Die Fahrwerkabdeckungen wurden nur während des Bedienvorganges geöffnet. Das Bugfahrgestell war mit Zwillingsreifen versehen und fuhr nach vorne eine. Zu den Besonderheiten des Fahrwerks

Im September 1964 führte die "Dash 80" vom Harper Dry Lake Versuche mit einem zwanzigrädrigen Fahrwerk durch.

Die Erprobung neuer Hochauftriebshilfen gehörte ebenfalls zu den Aufgaben der „Dash 80".

gehörten die Federbeine, die mit 56 cm die bei den propellergetriebenen Mustern verwendete 30 cm lange Teleskop-Federung weit übertraf und „butterweiche" Landungen ermöglichten.

Die Flugerprobung, bei der Geschwindigkeiten von bis zu Mach 0,97 erreicht wurden, umfaßte schon bald das Durchführen von Sonderaufgaben. Nachdem die US Air Force bereits am 5. Oktober 1954 das Flugzeug unter der Bezeichnung KC-135 (K für Tanker und C für Transporter) in 29 Einheiten orderte, flog die Dash 80 kurz darauf mit einem temporär eingebauten Rohrbetankungssystem, das Boeing unter dem Namen „Flying Boom" entwickelt hatte.

Nach wie vor standen also die „fliegenden Zapfsäulen" im Vordergrund der Aktivitäten. Dies änderte sich erst am 13. Juli 1955, als die US Air Force grünes Licht für den Bau einer zivilen Ableitung der KC-135 gab und die Dash 80 interessierten Luftfahrtgesellschaften vorgestellt werden konnte.

In diesem Zusammenhang ist festzuhalten, dass es eine ganze Reihe von Unterschieden zwischen der Dash 80, der KC-135 und dem Modell 707 gibt. Diese betreffen unter anderem die Abmessungen, die Massen, die Triebwerkanlage, die Druckkabine und die verwendeten Werkstoffe.

Während der Tanker, der die Modell-Nummer 717 trägt, nach dem „safe-life" Prinzip aufgebaut ist und dank der Aluminiumlegierung 7178 eine sehr hohe Lebensdauer aufweist, ist die Boeing 707 nach den Anforderungen der amerikanischen Luftfahrtbehörde FAA (Federal Aviation Administration) konzipiert und entspricht der „fail-safe" Philosophie, nach der beim Bruch eines tragenden Teiles ein anderes dessen Funktion übernimmt. Demzufolge gelangte beim Airliner die Aluminiumlegierung 2024 umfangreich zur Anwendung.

Eingemottet stand die 367-80 18 Jahre lang auf einem Sammelplatz in Arizona. 1991 wurde das Flugzeug reaktiviert. Zum 75. Firmenjubiläum drehte die Maschine eine Ehrenrunde über fünf Boeing Werke.

Der Rumpfdurchmesser der Dash 80 fiel mit 3,53 m nicht gerade üppig aus. Wie Airlines-Umfragen ergaben, wünschten sich die Fluggesellschaften mehr Platz. Daraufhin stimmte die US Air Force einer Vergrößerung des Rumpfdurchmessers ihres Tankers auf 3,66 m zu. Dank dieses Entgegenkommens sollte die Produktion der Flugzeugrümpfe auf einer Fertigungsstraße möglich sein. Wie sich noch herausstellte, reichte die Querschnittänderung nicht aus und eine weitere Modifikation musste durchgeführt werden. Doch dazu später mehr.

Während die Rumpflänge mit 36,42 m (Dash 80), 41,53 m (Modell 717) und 44,04 m (Modell 707-100) bei allen drei Ausführungen unterschiedlich ist, verfügen die Baureihen 707-100 und 717 über identische Tragflächen, deren Spannweite 39,87 m betragen. Demgegenüber weist der Dash 80 Tragflügel 39,52 m auf.

Mit dem am 31. August 1956 durchgeführten Jungfernflug der ersten KC-135 entspannte sich die Testsituation für die Dash 80, deren Erprobung nun ganz auf die Airliner-Ausführung zugeschnitten wurde, etwas. Im Mittelpunkt der Versuchsreihen stand nunmehr der Erwerb des Lufttüchtigkeitszeugnisses.

Die US-Luftfahrtbehörde, die damals noch den Namen „Civil Aeronautics Administration" (CAA) trug, stand vor der schwierigen Aufgabe, Zulassungsrichtlinien für eine völlig neue Verkehrsflugzeug-Generation auszuarbeiten. Unter dem Eindruck des „Comet"-Disasters tat man sich dabei besonders schwer.

Mit dem Paradepferd der britischen Luftfahrt-Industrie hatte es in den Jahren 1953/54 mehrere Unfälle mit vielen Toten gegeben. Neben Problemen beim Start – ein zu hoher Anstellwinkel verhinderte das Erreichen der erforderlichen Startgeschwindigkeit – waren es Risse in der Flugzeugzelle, die zu drei Abstürzen führten.

Verständlich, dass man ähnliches auf keinen Fall mit einem amerikanischen Airliner erleben wollte und so beugte sich Boeing nicht nur bereitwillig allen Forderungen der CAA, sondern versuchte mit einer Vielzahl von Testreihen Strukturfehler gänzlich auszuschließen. Unabhängig von den Versuchsflügen der Dash 80 wurden Baugruppen der Boeing 707 systematisch untersucht und außergewöhnlichen Belastungen ausgesetzt. So erging es zum Beispiel einem Tragflügel, den man einhundertmal so weit durchbog, bis er letztlich brach. Ein gigantischer, mehr als 643.000 Liter fassender Wassertank war über Monate hinweg die Heimstätte eines druckbelüfteten 707-Rumpfes, der zudem dem Bombardement von Stahlplatten ausgesetzt war. Der Sinn dieser groben Behandlung lag darin, festzustellen, ob die unbeschädigt gebliebenen Teile ein Auseinanderbrechen des Rumpfes verhindern konnten.

Neben diesen Belastungsversuchen gab es Testreihen, die die Lebensdauer der Zelle untersuchten. Auch hierfür bedienten sich die Techniker der Hilfe eines Wassertanks, in den ein kompletter 707-Rumpf getaucht wurde und 50 000 „Flüge" absolvierte.

Verständlicherweise ließen sich eine Reihe von Fragen nur im praktischen Versuch klären; dazu gehörte der mögliche Eisansatz in den Triebwerkeinläufen. Ein Problem, dem vor allem von seiten der CAA große Aufmerksamkeit gewidmet wurde. Boeing-Techniker montierten daraufhin im Abstand von rund 2 m eine Sprayanlage vor das rechte Innentriebwerk, die aus 109 Öffnungen Wasser in Richtung Strahlturbine sprühte. Der erste „Vereisungsflug" endete indes anders als erwartet. Bei Außentemperaturen von minus 50 Grad gefroren die feinen Wassertröpfchen sofort, so dass Eisstücke in den Luftkanal prasselten. Abhilfe brachte die Zuführung von Triebwerkzapfluft, die die sofortige Eisbildung verhinderte und einen reibungslosen Ablauf der Tests gestattete.

Da die Modelle 367-80 und 707 in vielen Punkten deutlich voneinander abweichen, konnte die Dash 80 für den Erwerb des Lufttüchtigkeitszeugnisses lediglich Vorarbeiten leisten. Die endgültige Erprobung blieb den ersten Flugzeugen der 707-Serie vorbehalten.

Die 367-80 hingegen übernahm eine Vielzahl von neuen Aufgaben, die auch der im Aufbau befindlichen Boeing-Verkehrsflugzeug-Familie zugute kamen und nachfolgend näher beleuchtet werden.

Über Erfolg oder Mißerfolg einer Flugzeugkonstruktion entscheidet in starkem Maße die Wahl eines geeigneten Triebwerkes. Es kann daher nicht verwundern, dass die Erprobung diverser TL-Triebwerke einen breiten Raum einnahm. Außergewöhnlich war dabei, dass die Dash 80 zeitweilig mit drei verschiedenen Pratt & Whitney Triebwerken und zwar den Baureihen JT3, J57 und J75 flog. Vom fliegerischen Standpunkt aus bereiteten sowohl die unterschiedlichen Schubleistungen als auch die Beschleunigungswerte, die von Triebwerk zu Triebwerk differierten, Probleme. Dies galt vor allem für das J75, das unter der Bezeichnung JT4 zivilen Betreibern angeboten wurde und mit 7620 kp (74,7 kN) Schub die Baureihen JT3 (4540 kp / 44,5 kN) und J57 (6242 kp / 61,2 kN) deutlich übertraf. Damit der Antrieb kontrollierbar blieb, bauten die Techniker separate Triebwerksteuerungen ein.

Die Vielseitigkeit der Dash 80 war anscheinend unbegrenzt, so konnte die Maschine Anfang 1960 sogar in einer fünfmotorigen Auslegung beobachtet werden. Grund für die Montage eines zusätzlichen Triebwerkes an

Heute steht die "Dash 80" als Ausstellungsstück auf dem Boeing Field in Seattle.

der hinteren linken Rumpfseite war die Entwicklung der dreistrahligen Boeing 727, bei der Boeing erstmals die Heckanordnung von Triebwerken anwandte.

Nach Abschluss der Versuche erhielt die Dash 80 eine völlig neue Triebwerkanlage, die aus dem JT3D-1, einer mit Schubumkehranlage versehenen Turbofan-Version des JT3, bestand. Der kräftige Zuwachs der Nennleistung auf 7718 kp (75,3 kN) führte zu einem explosionsartigen Anstieg der allgemeinen Flugleistungen und der neuen Typenbezeichnung Modell 367-80B.

Für Außenstehende wenig spektakulär, dafür im Ergebnis um so bedeutender waren Modifikationen der Tragflügel, die zeitweise mit Manschetten im Bereich der Flügelwurzeln ausgestattet waren, so dass sich das Flügelprofil und die Grundform der Tragflächen beliebig und ohne großen Zeit- und Kostenaufwand ändern ließen. Darüber hinaus erhielt die Maschine neue Flügelspitzen, wodurch ihre Spannweite nun der Baureihe 707 entsprach.

Gute Start- und Landeeigenschaften führten zu einer Erweiterung des Einsatzspektrums, da auch Flughäfen mit kurzen Runways angeflogen werden konnten. Die Verbesserung der Auftriebswerte stand daher in der Reihe der nächsten Versuche an oberster Stelle. Nachdem das Flugzeug zunächst Krüger-Klappen an den Flügelvorderkanten erhielt, widmete man der Gestaltung der Landeklappen besondere Aufmerksamkeit. Dabei gingen die Techniker aus Kosten- und Zeitgründen dazu über, verschiedene Klappen in verschiedenen Stellungen fest mit den Tragflächen zu verbinden, wobei dies durch Nieten geschah.

Neben der Anwendung herkömmlicher Konstruktionstechniken zur Auftriebssteigerung zeigten sich die Boeing-Ingenieure auch innovativ. So wurde 1963 die 367-80B im Auftrage der NASA, die sich mit 800.000 US-Dollar an den Umbauten beteiligte, mit einem System zur Grenzschichtbeeinflussung ausgestattet.

Über ein simples Rohrnetz entnahm man den Hochdruckturbinen der Triebwerke Luft und blies sie mit bis zu 268 m/s über neue, vergrößerte Landeklappen, die sich auf bis zu 85 Grad setzen ließen. Somit konnte ein Strömungsabriss weit hinausgezögert und die Langsamflugeigenschaften erheblich verbessert werden.

Landeanflüge mit weniger als 160 km/h waren somit möglich. Im Rahmen der Versuche erzielte die Test-Crew eine Mindestgeschwindigkeit von 120 km/h. Damit die Stabilität des Flugzeuges auch unter diesen Bedingungen erhalten blieb, erhielt die Dash 80 das größere Seitenleitwerk der 707. Außerdem wurden umgekehrte Krüger-Klappen zur Verbesserung der Trimmung an die Vorderkanten des Höhenleitwerkes gesetzt.

Im September 1964 kam eine neue Aufgabe auf das vielgefragte Versuchsmuster zu. Die Rede ist von der Erprobung eines zwanzig rädrigen Fahrwerkes mit Hochdruckreifen (17,5 kg/cm²), das heißt, dass die Radzahl bei allen Einheiten verdoppelt wurde. Verständlicherweise konnten die Fahrwerkschächte das wesentlich vergrößerte Fahrgestell nicht mehr aufnehmen, so dass es starr ausgelegt wurde. Während des dreitägigen Versuchsprogramms führte die Dash 80 eine Reihe von Starts und Landungen vom Harper Dry Lake, Südkalifornien aus, durch. Der Einsatz der bis zu 81.540 kg schweren Maschine, die dabei über das Grenzschichtsystem verfügte, bereitete weder bei trockenem noch bei schlammigem Untergrund Probleme.

Von den zahlreichen Änderungen, die das Flugzeug im Laufe der Jahre erfuhr, blieb auch der Rumpfbug nicht ausgespart. Zunächst verhalf der vorübergehende Einbau des Bendix Wetter-Radars AN/AMQ-15 der Dash 80 zu einer neuen Nase. Dann änderte sich die Bugkontur der Maschine nach elf Einsatzjahren noch einmal. Nachdem die Dash 80 wertvolle Dienste für neue Boeing-Flugzeuge, allen voran die 727, geleistet hatte, sollte sie auch bei der Entwicklung eines „Super Sonic Transport"-Flugzeuges (SST) eine Rolle spielen.

Zu diesem Zweck erhielt der Jet eine fast 4,60 m lange, mit diversen Sensoren bestückte Sonde in den Rumpfbug eingebaut. Darüber hinaus wurde der Arbeitsplatz des Co-Piloten umfassend geändert. Nicht nur, dass die vom zweiten Flugzeugführer ausgehenden Steuerbefehle zunächst über einen Analog-Computer liefen und erst dann an das Flug-Kontroll-System der Dash 80 weitergegeben wurden und der Rechner die „Antwort" des Systems speicherte, auch die auf die Steuersäule, die Pedalen und das Trimmrad einwirkenden Kräfte ließen sich verändern. So war es möglich, die Langsamflugeigenschaften von Flug zeugen mit Schwenk- oder Deltaflügeln zu simulieren. Im übrigen behielt die Maschine in dieser Konfiguration das Grenzschicht-System bei.

Dann wurde es still um das Flugzeug. Die Testaufgaben waren abgewickelt und man „mottete" die Dash 80, die auf eine beispiellose Karriere als Versuchsflugzeug zurückblicken konnte, im Jahre 1972 ein, um sie dann dem „National Air and Space Museum" zu schenken. Die Vielzahl und Bedeutung der verschiedenen Tests, bei denen das fast fensterlose Flugzeug in der Regel tonnenweise Meß- und Aufzeichnungsgeräte mitführte, veranlasste die Museumsleitung, die Dash 80 in die Rubrik der zwölf wichtigsten Flugzeuge einzustufen.

Die Dash 80 Story fand völlig überraschend ihre Fortsetzung. Nachdem das Flugzeug 18 Jahre lang auf einem Platz in der Wüste Arizonas abgestellt war, wurde es im Mai 1990 an Boeing zurückgegeben, hier restauriert und wieder flugtüchtig hergerichtet. Zum 75. Jubiläum der Firma Boeing flog die Dash 80 am 15. Juli 1991 eine „Ehrenrunde" über fünf Boeing Werke. Heute ist das Flugzeug auf dem Boeing Field in Seattle abgestellt.

Technische Daten:
Modell 367-80, Original-Ausführung

Antrieb	4 Pratt & Whitney JT3 Turbojets (4x4540 kp/44,5 kN)
Spannweite	39,52 m
Länge	36,42 m
mit "Flying Boom"	38,96 m
Höhe	11,58 m
Flügelfläche	222,96 m²
Leermasse	41730 kg
Abflugmasse	86070 kg
Höchstzulässige Geschwindigkeit	1014 km/h
Max. Geschwindigkeit	936 km/h
Max. Reisegeschwindigkeit	884 km/h
Ökon. Reisegeschwindigkeit	804 km/h
Dienstgipfelhöhe	13100 m
Reichweite, normal	5680 km

3 *Wettkampf der Jet-Airliner*

Boeing 707 kontra Douglas DC-8

Nachdem die US Air Force im Juli 1955 ihre Zustimmung zum Bau einer Airliner-Ausführung des Tankflugzeuges KC-135 erteilt hatte, befasste sich Boeing intensiv mit einem solchen Flugzeug, das in Form des Modells 707 schon lange geplant war.

Bevor die erste 707 aus der Werkhalle in Renton rollen konnte, galt es zunächst, das Interesse potentieller Kunden zu wecken und den Absatz des Airliners anzukurbeln. Die Verkaufsanstrengungen wurden dabei durch die Dash 80, die den Flugkapitänen diverser Gesellschaften zu Probeflügen zur Verfügung stand, unterstützt.

Trotz einer durchweg positiven Beurteilung durch diese Flugzeugführer taten sich die Luftfahrtunternehmen mit einer Bestellung schwer. Einerseits wirkte sich die Unfallserie

Model 707-123B Werk-Nr.19188. American Airlines setzte das Flugzeug von 1960 bis 1980 ein.

der „Comet" immer noch negativ auf das Image der strahlgetriebenen Verkehrsflugzeuge aus, andererseits lag der Stückpreis einer Boeing 707 mit anfänglich 4,3 Millionen US-Dollar weit über den Anschaffungskosten, die für eine viermotorige Kolbenmotor- oder Turbopropmaschine aufzubringen waren.

In dieser Situation erhielt Boeing überraschende Schützenhilfe aus dem Ausland. In Frankreich und der damaligen Sowjetunion kündigten die Erstflüge der Jet-Airliner Sud-Est „Caravelle" und Tupolew Tu-104 die Fortführung des von der „Comet" eingeleiteten Trends im Luftverkehr an.

Diese Entwicklung musste sich zwangsläufig auf die Modellpolitik der großen amerikanischen Fluggesellschaften auswirken, die sich keinesfalls das Adjektiv „rückständig" anhängen lassen wollten. Es gelang darüber hinaus die Airlines davon zu überzeugen, dass die Einführung einer neuen Verkehrsflugzeug-Generation trotz hoher Anschaffungskosten letztlich rentabel war. Dank seiner hohen Reisegeschwindigkeit kann ein Jet nicht nur häufiger als eine Propellermaschine eingesetzt werden, er offeriert gegenüber den herkömmlichen Verkehrsflugzeugen auch ein doppelt so großes Platzangebot, das wesentlich zur Reduzierung der Betriebskosten beiträgt. Das Argument, dass die Strahltriebwerke mehr Kraftstoff als die Kolbenmotoren verbrauchen, konnte teilweise dadurch entkräftet werden, dass die Turbojets dank ihres geringen Querschnittes weniger Luftwiderstand erzeugten als Propellertriebwerke. Außerdem war die Arbeitsentlastung der Flugzeugführer ein wichtiges Thema bei den Verkaufsgesprächen mit den Airlines. Bei den Kolbenmotoren musste die Besatzung eine ganze Reihe von Handgriffen durchführen; dazu gehörten die Gashebel, die Mischung, die Ölkühler, die Kühler, die Propellerverstellung und ggf. Turbolader und Ladeluft-Zwischenkühler. Beim Jet waren nur noch die Gashebel, die Starthebel und so weit vorhanden die Schubumkehr zu bedienen.

Als erste Gesellschaft erkannte Pan American Airways die Zeichen der Zeit. Nachdem einige Flugzeugführer der Gesellschaft ausgiebig Gelegenheit hatten, die Dash 80 zu fliegen und das Flugzeug auf Herz und Nieren zu prüfen, gab Pan Am Präsident Juan Trippe am 13. Oktober 1955 die Bestellung von 20 Flugzeugen der Baureihe 707-100 zum Preis von 269 Millionen US-Dollar bekannt. Die Freude über den Erstauftrag war bei Boeing jedoch nur gedämpft, hatte doch Pan Am gleichzeitig 25 Maschinen des Konkurrenzmusters Douglas DC-8, das bis dato nur auf dem Papier existierte, geordert.

Mit der Bestellung der beiden Flugzeuge verschaffte sich Pan Am gegenüber den Mitbewerbern einen deutlichen Vorsprung. Da das Unternehmen die jeweils ersten Serien gekauft hatte, mussten andere Airlines hinten anstehen und lange Zeit auf die Auslieferung neuer Flugzeuge warten.

Der späte Einstieg von Douglas in das Jet-Airliner-Geschäft lag in der Person des Firmengründers Donald W. Douglas begründet, der der Meinung war, dass ein strahlgetriebenes Verkehrsflugzeug nur auf ganz wenigen Strecken kostendeckend eingesetzt werden könnte und somit der Bedarf an Jet-Airlinern gering bleiben würde und sich folglich der Entwicklungsaufwand für ein solches Flugzeug für die Douglas Company nicht lohnte. Angesichts des internationalen Interesses an den neuen Verkehrsflugzeugen musste Douglas schon bald seine Meinung revidieren. Am 7. Juni 1955, mehr als ein Jahr nach dem Erstflug der Dash 80, teilte man der breiten Öffentlichkeit mit, dass das Unternehmen mit der Entwicklung eines strahlgetriebenen Nachfolgers des erfolgreichen Kolbenmotor-Flugzeuges DC-7 begonnen habe. Zeitgleich startete Douglas eine ausgedehnte Verkaufskampagne für den neuen Jet, der sich auf den ersten Blick rein äußerlich kaum von der Boeing 707 unterschied und der mit vier Pratt & Whitney JT3C Triebwerken über die gleiche Motorisierung verfügte. Eine genaue Analyse der beiden Flugzeuge zeigte jedoch, dass die Übereinstimmungen nur oberflächlich waren. So entschied sich das von Art Raymond und Ed Burton geführte Konstruktionsbüro für eine Tragflächenpfeilung von lediglich 30 Grad, die zwar zu Lasten der Geschwindigkeit ging, jedoch bessere Langsamflugeigenschaften durch höhere Auftriebswerte bot.

Der ausgezeichnete Ruf, den sich die Douglas-Werke mit ihrer legendären „DC-Serie" (DC steht für Douglas Commercial) erworben hatte, machte den Entwicklungsvorsprung der Dash 80 fast wett. Nicht nur das, Douglas bot mit der DC-8 einen Jet an, der der 707 an Abfluggewicht und Reichweite, wie der nachfolgende Vergleich zeigt, überlegen war.

Muster	707-100	DC-8-11
Spannweite, m	39,87	43,41
Länge, m	44,04	45,87
Höhe, m	12,80	13,21
Flügelfläche, m^2	226,04	257,43
Leermasse, kg	53.454	55.928
Abflugmasse, kg	116.421	120.202
Reichweite mit max. Nutzlast	4.950	6.950
Platzangebot	179	174

Landeanflug der 707-123B Werk-Nr. 17631. Das Flugzeug steht heute eingemottet auf der Davis-Monthan Air Force Base, Arizona.

5B-DAL

Model 707-131 Werk-Nr. 17671 in den Farben der Schweizer Fluggesellschaft Phönix . Zunächst von TWA geordert wurde das Flugzeug mehrfach veräußert und zum Frachter umgebaut. Letzter Eigentümer war die bolivianische LANCIA. Am 13. Oktober stürzte das Flugzeug kurz nach dem Start in Santa Cruz ab, dabei wurden eine Schule und ein Krankenhaus zerstört. 140 Menschen kamen in den Trümmern der Häuser ums Leben.

Neben der überlegenen Reichweite der DC-8-11, die die Basisversion für das inneramerikanische Streckennetz darstellte und ab dem 30. Mai 1958 erprobt werden konnte, fiel der Rumpfquerschnitt des Flugzeuges ins Gewicht. Dieser ließ nämlich die Einrichtung von Sitzreihen zu jeweils sechs Sitzen zu. Eine Platzanordnung, die von den Airlines bevorzugt wurde. Um im Geschäft zu bleiben, blieb Boeing nichts anderes übrig, als den Rumpfquerschnitt, der ja bereits gegenüber der Dash 80 einmal erweitert worden war, nochmals zu verbreitern. Die Erweiterung des Rumpfdurchmessers um 10 cm war eine kostspielige Maßnahme. Nicht nur die Beschaffung neuer Werkmaschinen schlug negativ zu Buche, sondern auch der Umstand, dass die Produktion der KC-135 und 707 Rümpfe nun auf separaten Fertigungsstraßen erfolgen musste.

Kaum hatte man den Pan Am-Auftrag unter Dach und Fach, heizte die Dash 80 die Stimmung weiter an. Mit 42 ausgewählten Gästen an Bord, darunter zahlreiche Journalisten, startete Tex Johnston am 16. Oktober 1955 zu einem Flug von Seattle nach Baltimore und zurück, der aufhorchen ließ. Während für den Hinflug lediglich 3 Stunden und 48 Minuten benötigt wurden – dies entspricht einer durchschnittlichen Geschwindigkeit von 947 km/h – schaffte die Maschine den 3745 km langen Rückflug in 4 Stunden und 8 Minuten.

Dass mit der Dash 80 ein guter Wurf gelungen war, bewies nicht nur dieser Aufsehen erregende Flug. Anläßlich des „Gold Cup Hydroplane Boat Races", das in Seattle stattfand,

Links: Zwischen der Boeing 707 und der hier gezeigten Douglas DC-8 entbrannte ein harter Konkurrenzkampf, aus dem Boeing letztlich als Sieger hervorging.

Unten: Anfänglich von American Airlines ab März 1959 als Model 707-123 geflogen, wurde die Maschine 1961 zur 707-123B umgebaut und im Februar 1980 an Cyprus Airways abgegeben.

Diese zum Transporter umgebaute 707-131 (Werk-Nr. 17658) erhielt inoffiziell den Zusatzbuchstaben F für Freighter.

führte Johnston den Prototyp im Fluge vor, wobei er mit der Maschine eine Fass-Rolle flog! Diese Demonstration brachte ihm nicht nur Beifall, sondern auch eine „Zigarre" des Boeing-Vorstandes ein.

Unabhängig von diesen Ereignissen ging es hinter den Kulissen um die Vorherrschaft auf dem Gebiet des Jet-Airliners. Nach und nach füllten sich die Auftragsbücher von Boeing, aber auch von Douglas. Dabei schien die DC-8 mit Bestellungen von United (30) und Eastern (18) das Rennen zu machen. Boeing konnte jedoch mit Verkäufen an American (30), Continental (4), Barniff (5) sowie weiterer drei Flugzeuge an Pan Am dagegenhalten und mit Aufträgen der Air France (10) und Sabena (4) erste Auslandserfolge erzielen und sich gegen einen zweiten Mitbewerber behaupten; die Rede ist von der vierstrahligen Convair 880, auf die im Kapitel über die Boeing 720 noch näher eingegangen wird.

Der Durchbruch bei den Verkäufen kam nicht von ungefähr. Auf die Herausforderung der Konkurrenten reagierte Boeing unverzüglich mit einer Reihe neuer 707-Varianten, die sich hinsichtlich der Massen, der Abmessungen und der Triebwerke deutlich vom Basismodell 707-100 abhoben.

Doch bleiben wir zunächst bei der Grundversion. Die nochmalige Erweiterung des Rumpfquerschnittes führte zwangsläufig zu einer Verzögerung des Programmablaufes. So konnte der „roll-out" der ersten 707-100 (Werk-Nummer 17586) nicht vor dem 28. Oktober 1957 erfolgen. Dem Debütanten, der seinen Erstflug am 20. Dezember 1957 absolvierte, folgten jedoch schon bald zwei weitere Flugzeuge. Bevor die Airliner, deren Stückpreis nun bei 5,5 Millionen US-Dollar lag, an Pan Am abgegeben wurden, führten sie eine rund 1700 Stunden umfassende Versuchsphase zur Erlangung des Typenzertifikates, das die US-Luftfahrtbehörde dem Muster am 18. September 1958 ausstellte, durch.

Oben: Zunächst von Trans World Airlines ab März 1959 eingesetzt, wurde diese 707-131 (Werk-Nr.17659) bis zu ihrer Stillegung im März 1982 von verschiedenen Betreibern eingesetzt. Nachdem das Flugzeug der Flughafenfeuerwehr von Brüssel zu Übungszwecken diente wurde das, was von ihm übrig geblieben war, 1984 verschrottet.

Der verkürzte Rumpf der Baureihe 707-138 kommt bei dieser Fotografie besonders gut zur Geltung. Hier die Werk-Nr. 18068.

Unmittelbar nach dem Start entstand diese Aufnahme der Werk-Nr. 17646.

PH-TVA

Während in offiziellen Dokumenten und Unterlagen die Musterbezeichnung 707-100 zu finden ist, bezeichnet Boeing den Jet als Modell 120 und auch die späteren Baureihen 707-200, 707-300 und 707-400 werden intern als Version 220, 320 und 420 geführt. Die Gründe für diese Abweichungen sind nicht mehr nachzuvollziehen.

Das Boeing-Kennzeichnungs-System, das bei allen Baureihen der 707 Anwendung fand, ist jedoch kein Geheimnis. Es dient sowohl zur Identifizierung des Modells als auch des Erstkunden. Nach diesem Schema wurde jedem Käufer eine Zahlen- oder Zahlen-Buchstaben-Kodierung zugeteilt, die die dritte und später auch die zweite Ziffer der Modellnummer ersetzt. Ferner geben die Zusatzbuchstaben B und C Auskunft über die Verwendung eines Zweikreis-Triebwerkes (B für By-Pass-Turbine) oder den möglichen Einsatz als Frachtflugzeug, wobei das C in diesem Fall für „convertible", also umrüstbar, steht.

Als Beispiele für diese Praxis sollen Flugzeuge von Pan Am und Middel East Airlines dienen. Diese Gesellschaften erhielten die Kennungen 1 beziehungsweise B4. Bei den Modellen 707-121 handelt es sich also um Pan Am Maschinen des Basismodells 707-120, während die Bezeichnung 707-3B4C auf eine convertible Ausführung der 707-320 für Middel East Airlines hinweist. Im übrigen änderte die Veräußerung eines Flugzeuges an einen anderen Betreiber nichts an der einmal vergebenen Bezeichnung.

Nach diesem kleinen Exkurs über das Boeing-Typenbezeichnungs-System, der zum besseren Überblick über die Baureihen der 707 unumgänglich war, wenden wir uns nun wieder der Geschichte des Flugzeuges zu.

Unmittelbar nach der Erteilung des Typenzertifikates begann Pan Am mit der Streckenerprobung des Musters, die dazu diente, Erfahrungen mit dem Jet in der Luft und am Boden zu sammeln. Diese Testphase, bei der ausschließlich Fracht befördert wurde, dauerte nur kurze Zeit. Parallel dazu nahm die britische B.O.A.C. mit einer Flotte grundlegend überarbeiteter de Havilland „Comet" einen neuen Anlauf, einen regulären Flugbetrieb mit dem Airliner auf die Beine zu stellen, wobei das Comback des Musters auf der lukrativen Nordatlantik-Route erfolgen sollte. Recht schnell wurde klar, dass Pan Am die gleiche Absicht hatte.

Pan Am war fest entschlossen, den Briten ein Schnippchen zu schlagen. Obwohl die 707-100 lediglich für den inneramerikanischen Einsatz vorgesehen war, wollte man als erste Gesellschaft ein strahlgetriebenes Flugzeug auf dieser Prestige-Strecke einsetzen. In einem wahren Verwirrspiel nannten beide Gesellschaften immer neue Termine für das historische Ereignis.

Als am 26. Oktober 1958 der „Jet Clipper of American" unter der Führung von Flugkapitän Samuel H. Miller und den Klängen einer Blaskapelle vom New Yorker Flughafen Idlewild in Richtung Paris startete, wo das in Neufundland zwischengelandete Flugzeug mit 111 Passagieren und einer elfköpfigen Besatzung nach 8 Stunden und 41 Minuten eintraf, war Pan Am nur zweiter Sieger. Die Briten hatten zwei Tage zuvor mit dem ersten Linienflug eines Jet-Airliners über den „großen Teich" eine neue Ära des Luftverkehrs eingeleitet.

Wie erwähnt, handelt es sich bei der 707-100 um ein Mittelstrecken-Flugzeug, das in der Lage ist, bis zu 179 Passagiere über eine Entfernung von 4.950 km zu befördern. Hierzu ist festzuhalten, dass es damals üblich war, die Kabine in bis zu drei Komfortklassen und zwar Economy, Tourist und First Class, aufzuteilen, so dass das maximale Platzangebot in der Regel nicht ausgeschöpft wurde. Die Raumaufteilung fiel je nach Fluggesellschaft sehr unterschiedlich aus, wobei die serienmäßig mitgelieferten, verschiebbaren Trennwände eine vielfältige Gestaltung der Kabine problemlos ermöglichten.

Die gegenüber der Dash 80 größeren Abmessungen wirkten sich naturgemäß auf die Massen aus. So stieg das Leer- und Gesamtgewicht von 41.730 kg auf 53.454 kg beziehungsweise von 86.070 kg auf 116.421 kg.

Der beachtliche Gewichtszuwachs drückte auf die Leistungen der Maschine, so dass Gegenmaßnahmen erforderlich waren. Damit die Start- und Landegeschwindigkeit nicht den Rahmen des Vertretbaren sprengte, erhielt die 707-100 Krüger-Klappen. Diese, an den Flügelvorderkanten angeordneten Auftriebshilfen, fahren ab einer Landeklappen-Stellung von mehr als 9,5 Grad automatisch aus, verändern die Wölbung des Tragflächenprofils und erhöhen so die Auftriebswerte.

Triebwerkseitig konnten die Konstrukteure auf das Pratt & Whitney JT3C-6 zurückgreifen, das bis zu 5662 kp (55,54 kN) abgibt und somit exakt 25 % mehr Leistung als die Baureihe JT3C-1 aufweist.

Die Schubsteigerung wurde im übrigen mit einem Trick erzielt, der schon von den Kolbenmotoren her bekannt ist. Es handelt sich um das Verfahren der Wassereinspritzung, bei dem demineralisiertes Wasser unter hohem Druck vernebelt und in das Diffusorgehäuse, unmittelbar vor den Brennkammern, in das Triebwerk geleitet wird. Die dadurch bewirkte Kühlung führt zu einer besseren Verbrennung des Kraftstoffes und somit zu einer Leistungssteigerung.

Nachteilig war hingegen der enorme Wasserverbrauch, der bei vier Triebwerken mehr

Eine weitere Aufnahme einer 707-138 und zwar der Werk-Nr. 17699

als 1000 Liter in zwei Minuten betrug, sowie die Lärmemission, die schnell die Flughafenanrainer auf den Plan rief. Während sich am Wasserbedarf nicht viel ändern ließ, brachte der Einsatz von röhrenförmigen Schalldämpfern – Orgelpfeifen genannt – eine Reduzierung der Lärmbelastung.

Heute findet das Verfahren der Wassereinspritzung keine Anwendung mehr, da die Fortschritte im Triebwerkbau solche Hilfsmaßnahmen überflüssig machen.

Von den 138 gebauten Flugzeugen der Baureihe 707-100 fallen zwölf von der australischen Fluggesellschaft Quantas georderte 707-138 durch einen von 44,04 m auf 41 m verkürzten Rumpf auf. Trotz dieser bedeutenden Änderung, die sich auf die Flugeigenschaften der Maschine auswirkte und ein neues Typenzertifikat durch die FAA bedingte, behielt Boeing bei dieser Ausführung die Modellnummer bei.

Gemäß der von Louis Breguet entwickelten Reichweitenformel wird die Reichweite eines Flugzeuges durch die Faktoren

- Geschwindigkeit
- Spezifischer Kraftstoffverbrauch
- Verhältnis zwischen Widerstand und Auftrieb
- Startmasse
- Kraftstoffvorrat

bestimmt. Durch das Aussparen eines 3,04 m langen Rumpfsegments hinter den Tragflächen ließ sich unter Beibehaltung des Kraftstoffvorrates eine Reduzierung der Massen und des Gesamtwiderstandes erzielen, wodurch die maximale Reichweite des Sondermo-

Wie die meisten 707-138 Modelle wurde auch dieses Flugzeug der Tiger Air auf den Standard der 707-138B gebracht.

dells auf 5890 km anstieg und Langstreckeneinsätze ermöglichte. Die von der Quantas mit der 707-138 durchgeführten Fernflüge waren es auch, die zur Entwicklung eines Außenbehälters führten, in welchem das Flugzeug ein Reserve-Triebwerk transportieren konnte. Der unter dem linken Flügel, zwischen Rumpf und Innentriebwerk befestigte Behälter, dessen Konstruktion auf dem Zusatztank des Boeing B-50 Bombers basierte, garantierte also auch weit vom Heimatflughafen entfernt eine optimale Ersatzteilversorgung.

Während die 707-138 ihre offizielle Zulassung am 24. Juni 1959 erhielt, befasste man sich bei Boeing unter der Bezeichnung 707-100B mit einer verbesserten Variante der Basisversion, die, wie sich unschwer am Zusatzbuchstaben B erkennen läßt, vor allem durch ein Zweistrom-Turbinen-Luftstrahltriebwerk, kurz ZTL genannt, vom Standardmodell unterscheidet.

Bei dieser Triebwerksart wird der Luftstrom im Aggregat nach dem Durchqueren der Mantelstromläufer gesplittet, wobei der kleinere Teil der Luft außen am Triebwerk vorbeiströmt, um anschließend auf die austretenden heißen Gase zu treffen, so dass sich die Strömungsgeschwindigkeit und damit der Schub erhöht.

Aufbauend auf dem bewährten JT3C, das neben der 707 unter der militärischen Kennung J57 auch Kampfflugzeuge antrieb, brachte Pratt & Whitney mit dem JT3D ein ZTL heraus, das von Boeing in Form der Baureihen D-1 (7701 kp; 75,54 kN) und D-3 (8154 kp; 79,99 kN) für die 707-100 B übernommen wurde.

Die ersten, ab Mitte 1960 ausgelieferten JT3D-1 Triebwerke waren dem JT3C-7, das von der 707-120 verwendet wurde, in jeder Beziehung weit überlegen. Die Startleistung konnte um 33 %, die Steigleistung auf Meereshöhe um 17 % und der Schub im Reiseflug um 13 % gesteigert werden. Ferner war eine Reduzierung des Kraftstoffverbrauches im Reiseflug um 13 % und der Lärmemission um 10 Phon zu verzeichnen. Darüber hinaus verfügte das JT3D-1, das gegenüber dem JT3C-7 einen um 140 % höheren Luftdurchsatz aufweist, über die Möglichkeit der Schubumkehr.

Das neue Triebwerk benötigte geänderte Gondeln, die man in modifizierter Form vom Boeing Bomber B-52 übernehmen konnte.

Der Schubzuwachs, sowie der Umstand, dass das ZTL 15 % leichter als sein Vorgänger war, führte bei der 707 zu einer deutlichen Leistungssteigerung. So stieg die Reisegeschwindigkeit von 918 km/h auf 994 km/h und die Dienstgipfelhöhe von 11430 m auf 12800 m. Außerdem ließ sich das maximale Abfluggewicht erhöhen, wodurch die Reichweite mit höchstmöglicher Nutzlast von 4950 km auf 8430 km kletterte. Die Reduzierung der Startstrecke von bisher 3215 m auf nur noch 2270 m trug wesentlich zur Erweiterung des Einsatzspektrums bei, da nun auch Flughäfen mit kürzeren Startbahnen angeflogen werden konnten.

Gerade dieser Aspekt wurde bei der 707-100B vorranging von den Konstrukteuren beachtet. Während die schubstarken Triebwerke deutlich zur Reduzierung der Startstrecke beitrugen, verringerten zusätzliche Krüger-Klappen die Landegeschwindigkeit. Im Rahmen dieser Änderung wurde die Flügelvorderkante zwischen Rumpf und Innentriebwerk neu gestaltet, wobei der Tragflügel der Boeing 720 Pate stand.

Der Vollständigkeit halber sei darauf hingewiesen, dass auch das Höhenleitwerk und zwar durch eine Vergrößerung der Spannweite um 914 mm, modifiziert wurde. Darüber hinaus erhielten fast alle Flugzeuge der Baureihen 100 und 100B nachträglich das größere Seitenleitwerk und die Heckflosse der Interkontinental-Version 707-400.

Bevor die 707-100B in die Produktion gehen konnte, musste eine umgebaute 707 123 der American Airlines die Rolle des Prototypen ausfüllen. Dem Erstflug der umgerüsteten Maschine am 22. Juni 1960 schloss sich das übliche Versuchsprogramm an, das am 1. März 1961 mit der Erteilung des Lufttüchtigkeitszeugnisses durch die FAA seinen Abschluss fand.

Die frappierende Leistungssteigerung, die durch die Mantelstrom-Triebwerke – die auch als By-Pass-Triebwerke bezeichnet werden – zu verzeichnen war, zog das Interesse der Airlines nach sich. Neben der Bestellung des neuen Modells wurden auch Kaufverträge zugunsten der ZTL-Ausführung geändert und bereits ausgelieferte Flugzeuge auf den Standard der 707-100B gebracht. So kam es, dass kaum noch Maschinen in der Original-Ausführung existieren, wobei diese Aussage auch auf die Kurzrumpf-Version 707-138 zutrifft.

In lediglich fünf Exemplaren entstand 1959 das Modell 707-200 alias 707-220, das speziell auf die Bedürfnisse von Braniff International Airways zugeschnitten war. Der Carrier, dessen Hauptsitz sich in Dallas, Texas befindet, operierte damals auf dem mittel- und südamerikanischen Streckennetz. Die heißen und hochgelegenen Flughäfen dieser Region erforderten den Einsatz starker Triebwerke, die den klimatisch und geographisch bedingten Leistungsabfall von Strahltriebwerken ausgleichen. Da sich die 707-100B zu diesem Zeitpunkt noch in der Planung befand, entstand mit der 707-200 ein Interimsmodell, das sich lediglich durch die Verwendung des Pratt & Whitney JT4A-3, einer Zivilversion des J75, von der Baureihe 707-100 unterscheidet. Die über eine Nennleistung von 7157 kp (70,2 kN) verfügenden Triebwerke verliehen dem Muster eine Leistungsfähigkeit, die fast an die 707 100B heranreichte.

Nach einer kurzen Testphase händigte die US-Zulassungsbehörde den Boeing-Werken am 5. November 1959 das Typenzertifikat aus, so dass Braniff International die Maschine als 707-227 bereits ab dem 20. Dezember 1959 in Dienst stellen konnte.

Zusammen mit zwei später von Quantas übernommenen 707-138B, sowie Flugzeugen der Baureihen 707-300C und 720 blieben die Jets bis Anfang der Siebzigerjahre bei Braniff im Einsatz, um dann von der DC-8 abgelöst zu werden.

4 *Von Kontinent zu Kontinent*

Die Langstrecken-Modelle

Nachdem Douglas die Produktion der DC-8 mit der Basisversion, der Serie 10, begonnen hatte, traten schon bald neue Varianten in Erscheinung. Zunächst ist die Version DC-8-20 zu erwähnen, die analog der Boeing 707-200 speziell für den Einsatz von heißen, hochgelegenen Flughäfen aus bestimmt war. Es folgten die Langstrecken-Modelle DC-8-30, DC-8-40 und DC-8-50, deren Reichweite mit über 19 Tonnen Nutzlast deutlich mehr als 7000 km betrug. Darüber hinaus konnte bei der Serie 50, die als letzte des Trios am 1. Mai 1961 ihre Zulassung erhielt, das maximale Sitzplatzangebot von 176 auf 189 erhöht werden.

Die Entwicklung der diversen DC-8 Versionen wurde dem Boeing-Management frühzeitig bekannt, so dass man entsprechend reagieren konnte und ebenfalls mit der Konstruktion einer echten Interkontinental-Version der 707 begann.

Die Anwort auf die Douglas DC-8 Langstrecken-Baureihen kam in Gestalt der Boeing 707-300 (707-320), die durch den Beinamen „Intercontinental" ihre Verwendung als Langstreckenflugzeug deutlich machte.

Als das erste von 545 zivilen Flugzeugen der Baureihe 300 am 11. Januar 1959 vom Boden abhob, unterschied sich das Modell so erheblich von der Basisausführung, dass der Erwerb eines gesonderten Typenzertifikates erforder-

Erster Kunde des Model 300 war PanAm. Hier die Werk-Nr. 20030, die den Namen "Whirlwind" trug.

lich wurde, das das Muster bereits am 15. Juli 1959 unter der Nummer ATC 4A-26 erhielt, wobei die Abkürzung für „Approved Type Certificate" steht.

Die Tragflächen hatten eine Reihe von Modifizierungen erfahren, die nicht nur eine Erhöhung der Spannweite auf 43,41 m beinhalteten, sondern auch die Planform betrafen.

Die ursprünglich konstante Pfeilung der Hinterkante wich einer zweistufigen Form, die auf die von 8,59 m auf 10,33 m gestiegene Verbreiterung der Wurzeltiefe zurückzuführen war. Im Bereich der Flügelspitze blieb die Tiefe mit 2,84 m unverändert. Der größere Tragflügel ließ im übrigen die Flügelfläche von 226,04 m^2 auf 268,8 m^2 anwachsen.

Die Rumpflänge betrug nun 46,61 m und das Leer- und Gesamtgewicht erhöhte sich auf 61.235 kg beziehungsweise 141.520 kg.

Pratt & Whitney JT4A-3 Triebwerke mit einer Leistung von 7157 kp (70,2 kN) lösten die bis dato gebräuchlichen JT3C-Versionen ab. Im Laufe der Serienfertigung gelangten mit den Baureihen A-5, A-9 und A-11 weitere Modelle des Triebwerkes zum Einbau. Die beiden letztgenannten Ausführungen zeigten sich mit 7620 kp (74,75 kN) und 7940 kp (77,89 kN) vom Schub her gegenüber der Grundausführung verbessert.

Neue Kraftstofftanks ermöglichten eine Steigerung des Fassungsvermögens von 80242 auf 88947 Liter.

Mit 189 Passagieren – dies entspricht dem maximalen Platzangebot der 707-300 – beträgt die Reichweite 7450 km und im Überführungsfall sogar 10860 km.

Die Perspektiven, die das Interkontinental-Modell den Airlines eröffnete, führten zum erhofften Verkaufserfolg. Pan Am schlüpfte in die Rolle des Santa Claus und machte am 24. Dezember 1955 durch die Bestellung von 15

Oben: Besonders erfolgreich wurde und wird die Cargo-Ausführung der 707 eingesetzt. Hier die 707-338C Werk-Nr. 19621.

Unten: Boeing 707-360C Werk-Nr. 19736. Der am 29. März 1968 zum Erstflug gestartete Airliner verunfallte am 19. November 1977 in der Nähe von Rom. Bei dem Totalschaden waren fünf Tote zu beklagen.

Die stark modifizierten Tragflächen bilden einen markanten Unterschied zum Basismodell.

VARI

TRADEWINDS
TRADEWINDS
G-BFEO

EL AL אל על
4X-ATC

Links oben: Die britische Tradewinds lieh sich die Werk-Nr. 18691 von Greyfin Nassau im Jahre 1977 aus. Heute dient das Flugzeug als "Ersatzteil"-Lieferant für die KC-135 Flugzeuge der USAF.

Links unten: Zu den wenigen Betreibern, die sich für die Baureihe 400 entschieden, gehörte Israels El-Al. Im Bild die Werk-Nr. 18357, die am 9. Februar 1962 ihren Erstflug absolvierte.

Rechts oben:Mit der Lockheed "Super Constellation" nahm die Lufthansa 1955 ihren Langstrecken-Flugbetrieb auf.

707-321 den Boeing-Managern ein Weihnachtsgeschenk. Eigentlich hätte das erste dieser Flugzeuge die Kennung N713PA tragen sollen, abergläubisch wie die Amerikaner nun einmal sind, übersprang man wegen der in der Registrierung enthaltenen „13" das Kennzeichen.

Weitere Gesellschaften wie Trans World Airlines, South African Airways, Air France und Northwest Orient – um nur einige zu nennen – folgten Pan Am auf dem Fuße und orderten die neue Baureihe.

Es war logisch, dass die Vorzüge des ZTL-Triebwerkes auch auf die Langstreckenversion übertragen wurde und so brachte Boeing mit der 707-300B (-320B) eine entsprechende Variante heraus, die erstmals am 31. Januar 1962 flog und neben JT3D-Triebwerken, die nun eine optimierte Schubumkehranlage besaßen, eine Reihe von Verbesserungen im Bereich des Tragflügels aufwies.

Widerstandsarme, gebogene Flügelspitzen, breitere Krügerklappen und eine überarbeitete Tragflächenhinterkante bewirkten bessere Flugleistungen. Erneut war eine Vergrößerung der Spannweite und der Flügelfläche und zwar auf 44,42 m und 279,64 m^2 zu verzeichnen.

Die Änderungen bedingten eine Verstärkung der Zelle. Aus diesem Grunde war es nicht möglich, vorhandene 707-300 Modelle auf den Standard der „B"-Version umzurüsten.

Nachdem die 707-300B am 31. Mai 1962 durch die Erteilung des Lufttüchtigkeitszeugnisses für den regulären Flugbetrieb zugelassen worden war, setzte Pan Am – die auch bei dieser 707-Variante mit einer Erstbestellung über 31 Flugzeuge als „launch customer" in Erscheinung trat – das Flugzeug ab dem 1. Juni 1962 im Liniendienst ein.

In der Luftfahrt gibt es keinen Stillstand und so wundert es nicht, dass die Boeing 707 kontinuierlich weiterentwickelt wurde. Bei der nächsten, als 707-300B „advanced" bezeichneten Ausführung gelangten zusätzliche Krüger-Klappen zwischen Rumpf und Innentriebwerken ebenso zum Anbau wie verbesserte Landeklappen. Die Auftriebswerte konnten deutlich erhöht und die Gefahr, das Flugzeug während der Startphase zu überziehen, deutlich verringert werden.

Dem Wunsch vieler Airlines, über ein schnelles, wirtschaftliches und modern ausgerüstetes Frachtflugzeug verfügen zu können, entsprach Boeing mit der 707-300C, die sich wahlweise als Passagier- oder Transportmaschine einsetzen läßt.

Mitte 1959 befand sich die erste für die Lufthansa bestimmte 707-430 bei Boeing in Renton im Bau. Foto: Lufthansa

Die C-Ausführung basiert auf der 707-300B, verfügt jedoch über eine 231 x 340 cm große Ladeluke auf der linken Rumpfseite, die zwischen der vorderen Passagiertür und dem Tragflügel plaziert ist, sowie einen verstärkten Kabinenboden zur Aufnahme schweren Stückgutes. Ferner gestattet ein Kugelrollboden ein schnelles Be- und Entladen des Flugzeuges, wobei neben verschiedenen Containern vor allem ein als „Iglu" bezeichneter Frachtbehälter, der der Frachtraumkontur angepasst ist, eingesetzt wird.

Das auf 151.950 kg gestiegene, maximale Abfluggewicht bedingte darüber hinaus Änderungen des Fahrwerkes.

Bei einem gemischten Passagier/Frachteinsatz läßt sich der Rumpf, der ein Volumen von 210 m^3 aufweist, wahlweise quer und längs in Abschnitte unterteilen. Selbstverständlich können die 48 m^3 großen Unterflurräume auch bei dieser Version genutzt werden.

Eine Reihe von Carriern ging dazu über, die 707-300C ausschließlich als Transportflugzeug zu verwenden. Daher wurden nicht benötigte Ausrüstungstücke der Kabine, wie Bordküchen und Toiletten, ausgebaut. Dadurch konnte nicht nur eine Vergrößerung des Kabinenvolumens auf 215,5 m^3, sondern auch eine Erhöhung der maximalen Nutzlast von 41.453 kg auf 42.691 kg erreicht werden.

Hin und wieder tauchen im Zusammenhang mit dieser Frachtausführung die Bezeichnungen 707-300F oder 707 „Freighter" auf. Offiziell existieren diese Kennungen jedoch nicht. Auch der Zusatz H (für Heavy) ist inoffiziell, er markiert Flugzeuge der Baureihen B und C deren maximales Abfluggewicht auf 152.540 kg gesteigert wurde und die über JT3D-7 Triebwerke verfügen.

1959 erschien mit der 707-400 (-420) eine weitere Variante des Airliners. Ausschlaggebend für den Bau dieser Version war die britische BOAC, die am 24. April 1956 16 Flugzeuge bestellte und außerdem zwei weitere für ihre Tochtergesellschaft, die BOAC-Cunard, orderte. In Großbritannien löste der Erwerb des US-Verkehrsflugzeuges heftige Proteste in der Öffentlichkeit aus. Während man Jahre zuvor den Kauf einer Flotte von Boeing 377 „Stratocruiser" tolerierte, da kein vergleichbares britisches Fluggerät verfügbar war, hatte sich die Situation geändert. Mit der de Havilland „Comet" stand ein Flugzeug bereit, das mit der Boeing 707 nach Meinung der Öffentlichkeit konkurrieren konnte. Um die Reaktion etwas zu mildern, sollte die Ausrüstung der für BOAC bestimmten Flugzeuge durch Rolls-Royce „Conway" Mk 508 ZTL-Triebwerke, deren Nennleistung 7928 kp (77,77 kN) betrug, erfolgen.

Damit war das Muster, das seinen Jungfernflug am 20. Mai 1959 absolvierte, die erste 707-Variante mit einem By-Pass-Antrieb.

Die anschließende Flugerprobung zeigte auf, dass das Flugzeug nicht den strengen britischen Vorschriften in Bezug auf die Richtungsstabilität bei Ausfall eines Triebwerkes entsprach. Um den erhöhten Anforderungen zu genügen, erhielt die 707-400 ein neues, größeres Seitenleitwerk und eine Heckflosse, wobei sowohl das Seitenleitwerk als auch die Heckflosse später von anderen 707-Modellen übernommen wurden.

Neben BOAC entschied sich auch die Deutsche Lufthansa für die Baureihe 400.

Die am 6. Januar 1926 gegründete Deutsche Luft Hansa AG (Schreibweise ab 1934 Lufthansa) gehörte schon wenige Jahre später zu den bedeutendsten Luftverkehrsgesellschaften der Welt. Neben der Erkundung neuer Strecken, insbesondere nach Fernost, trat das Unternehmen durch zahlreiche Pionierleistungen hervor und erwies sich darüber hinaus auch bei der Gründung neuer Gesellschaften wie der „Iberia-Compania Aera de Transportes SA", der „Syndicato Condor Ltda" und der „Europäisch-Asiatische Luftpostaktiengesellschaft Eurasia", um nur einige Aktivitäten zu nennen, als Schrittmacher des internationalen Luftverkehrs.

Die D-ABOB Werk-Nr. 17718 „Hamburg" wird für die Überführung nach Deutschland vorbereitet. Foto: Lufthansa

Die außergewöhnlichen Leistungen wurden allerdings erst durch die deutsche Luftfahrtindustrie möglich, die mit Spitzenprodukten wie Junkers F 13, Dornier „Wal", Heinkel He 70, Junkers Ju 52 und Ju 90, sowie Focke-Wulf Fw 200 das entsprechende Fluggerät bereitstellte.

Mit dem Ende des Zweiten Weltkrieges musste die Lufthansa ihren Betrieb einstellen. Nach einer Phase der Depression begann man bereits im Jahre 1951 mit den ersten Planungen für eine künftige deutsche Luftverkehrsgesellschaft, deren Gründung am 6. Januar 1953 unter dem Namen „Aktiengesellschaft für Luftverkehrsbedarf (Luftag)" erfolgte.

Im Rahmen der Aufbauphase erwarb das Unternehmen vier Langstreckenflugzeuge des Typs Lockheed L1049 „Super Constellation". Die Geschichte dieses Flugzeuges, das damals zu den modernsten seiner Art gehörte, begann bereits im Jahre 1938, als man bei Lockheed unter der Bezeichnung Modell 44 „Excalibur" ein viermotoriges Verkehrsflugzeug für lange Strecken plante. In den nächsten Jahren entfernten sich die Konstrukteure Schritt für Schritt vom dem für 21 Passagiere ausgelegten Entwurf und wandten sich dem Modell 49 „Constellation" zu, dessen Prototyp bei seinem Erstflug am 9. Januar 1943 zwar das zivile Kennzeichen NX25600 trug, jedoch mit einem Sichtschutzanstrich versehen war und die militärische Kennung C-69 erhielt, wobei das C für Cargo, also Fracht, steht. Nachdem das Muster zunächst als

Frachtmaschine für die US Army Air Force gebaut wurde, konnten ab August 1945 die ersten zivilen Exemplare abgeliefert werden.

Sehr schnell wurde das Flugzeug, dessen äußeres Erscheinungsbild durch drei Seitenleitwerke und eine delphinähnliche Rumpfkontur geprägt ist, zu einer der wichtigsten Langstreckenmaschinen. Um den gestiegenen Anforderungen der Luftverkehrsgesellschaften gerecht zu werden, entschloß sich Lockheed 1950 mit dem Modell 1049 „Super Constellation" eine stark verbesserte Version des Basisentwurfes herauszubringen, die auch deutlich größer als der Vorgänger war.

Als die ersten Flugzeuge der Baureihe L1049G, die zur Reichweitensteigerung über Zusatztanks an den Flügelspitzen, den sogenannten Tip-Tanks, verfügten, in Deutschland eintrafen, hatte die unattraktive Bezeichnung Luftag dem traditionsreichen Namen Lufthansa Platz gemacht.

Nachdem die Gesellschaft ab dem 1. April 1955 mit dem Inlandsverkehr begonnen hatte, weitete sie den Flugbetrieb kurz darauf auf einige europäische Strecken aus, um schließlich am 8. Juni 1955 den ersten Nordatlantik-Flug durchzuführen.

Trotz einer Vergrößerung des Kraftstoffvolumens durch den Anbau von Tip-Tanks ließen sich Zwischenlandungen mit der „Super Connie", wie die Lockheed-Maschine liebevoll genannt wurde, auf der Nordatlantik-Route nicht vermeiden. Da ein Flugzeug nur Geld verdient, wenn es fliegt, war der Wunsch nach einem „Non-Stop"-Flugzeug verständlich und so wundert es nicht, dass die Lufthansa vier Exemplare der ab Sommer 1957 verfügbaren Lockheed L1649 „Starliner" erwarb und sie unter dem Namen „Super Star" einsetzte. Dieses auf Basis der „Super Constellation" entwickelte Verkehrsflugzeug konnte dank eines von 24.766 auf 36.340 Liter erhöhten Kraftstoffvorrates den Flug über den „großen Teich" ohne Zwischenlandung schaffen.

Das neue Flaggschiff der Lufthansa, die Boeing 707-430. Foto: Lufthansa

Bei der Lufthansa hatte man die Entwicklung des internationalen Luftverkehrs aufmerksam verfolgt und sich insbesondere mit den Strahlflugzeugen der ersten Generation intensiv befasst. Es wurde dabei deutlich, dass Flugzeuge wie die „Super Constellation" und die „Starliner" den Endpunkt in der Entwicklung propellergetriebener Verkehrsflugzeuge darstellten und die Zukunft dem Jet-Airliner gehören würde.

Der Schritt vom Kolbenmotor zum Strahltriebwerk fiel der Lufthansa wesentlich schwerer als den ausländischen Konkurrenten. Die neue Lufthansa sah sich mit einer Vielzahl von Problemen konfrontiert, die aus der zehnjährigen Unterbrechungsphase des Flugbetriebes resultierten. Im wesentlichen fehlte es an erfahrenen Besatzungen, so dass man zunächst gezwungen war, auf ausländische Mitarbeiter zurückzugreifen, außerdem befand sich die Bodenorganisation im Aufbau. Auch hier fehlte es neben geeigneten Hallen und Wartungszentren an Fachkräften zur Instandhaltung des modernen Fluggerätes, das ausnahmslos aus dem Ausland stammte und gewisse Sprachkenntnisse beim Wartungspersonal voraussetzte.

Dass sich die Lufthansa trotz der diversen Schwierigkeiten frühzeitig in Richtung des Jet-Airliners bewegte, zeigt einmal mehr, welches Vertrauen der Vorstand in das Unternehmen und seine Mitarbeiter setzte.

Der Erwerb eines technisch so aufwendigen und teuren Fluggerätes, wie es ein Langstrecken-Flugzeug darstellt, musste sorgfältig vorbereitet werden. Dabei stand man vor den gleichen Problemen wie Pan Am und BOAC, die ja zu den ersten Betreibern von Strahlflugzeugen gehörten.

Gegenüber den Propellermaschinen wies die Boeing 707 nicht nur eine deutlich höhere

Mitarbeiter und Gäste erhalten Gelegenheit, den brandneuen Jet unter die Lupe zu nehmen. Foto: Lufthansa

Muster	**L1049G**	**B707-420**
wirt. Reisegeschw. (km/h)	491	854
Dienstgipfelhöhe in m	6795	1127
Reichweite mit max. Nutzlast in km	6660	7370
max. Sitzplätze	102	179

Reisegeschwindigkeit auf, sondern operierte, wie der obige Vergleich zeigt, in Flughöhen, die bis dahin ausschließlich Militärflugzeugen vorbehalten waren.

Der Einsatz von Jet-Airlinern bedingte nicht nur Änderungen bei der Flugkontrolle, auch die Bodenorganisation musste den neuen Gegebenheiten angepasst werden. Die 707 beförderte wesentlich mehr Passagiere als die Propellerflugzeuge, so dass an die rasche Abfertigung von Fluggästen und Gepäck hohe Anforderungen gestellt wurden. Der Vorteil der Reisegeschwindigkeit sollte nicht durch unangemessene Abfertigungszeiten aufs Spiel gesetzt werden.

Da man auf keinerlei Erfahrungen mit Jet-Airlinern zurückblicken konnte, entstand die Idee des „Paper-Jet". Ein imaginäres Flugzeug wurde auf eine fiktive Reise geschickt, um so erste Erfahrungen zu sammeln.

Die von Pan Am entwickelte „Paper-Jet-Studie" wurde bereits im November 1956 von der Lufthansa übernommen, wobei der Ablauf eines solchen „Fluges" zum Beispiel von Frankfurt nach New York folgender war: Zunächst ging es unter Berücksichtigung der tatsächlichen Wetterlage um die Festlegung der Reiseflughöhe und der Streckenführung. Für einen möglichst wirtschaftlichen Betrieb des Flugzeuges ist es erforderlich, dass der Jet weitgehend auf der vom Hersteller empfohlenen Höhe fliegt. Jede Abweichung führt zu einem höheren Kraftstoffverbrauch und zu einer Steigerung der Betriebskosten.

Die Streckenführung ist ebenfalls von Bedeutung. Die Gerade ist zwar die kürzeste Verbindung zwischen zwei Punkten, im Luftverkehr kann sich jedoch das Fliegen eines „Umweges" als vorteilhaft erweisen. Im Bereich der nördlichen Halbkugel existiert in Höhen zwischen 9.000 und 12.000 m der Strahlstrom, auch Jet-Stream genannt. Es handelt sich dabei um ein schlauchartiges Gebiet, dessen Windgeschwindigkeiten die der benachbarten Bereiche zum Teil beträchtlich übersteigen. Der Strahlstrom verläuft stets in östlicher Richtung, so dass man bestrebt ist, den natürlichen Rückenwind bei Flügen von den USA nach Europa, wann immer möglich, auszunutzen. In der umgekehrten Richtung hingegen wird man bemüht sein, dem Strahlstrom weitgehend auszuweichen.

Unter Berücksichtigung dieser Faktoren und den von Boeing für die 707 herausgegebenen technischen Daten wurden die „Paper-Jets" mit unterschiedlicher Nutzlast und Kraftstoffvorrat auf die Reise geschickt, bei der alle Besonderheiten wie zum Beispiel Wetter- und Windverhältnisse, Kraftstoffverbrauch und vieles mehr Berücksichtigung fanden. Typisch für einen fiktiven Flug von New York nach London mit einer B 707-320 waren folgende Parameter: Start des Flugzeuges mit 150 Passagieren und einer Startmasse von 133,6 Tonnen. Nach einem stufenweisen Steigen auf 9.150 m erreicht der Jet nach 16 Minuten bei einer Fluggeschwindigkeit von 740 km/h eine Reisehöhe von 12.000 m. Hier beträgt die Geschwindigkeit über Grund 975 km/h. Nach rund fünfstündiger Flugzeit beginnt der 26 Minuten dauernde Abstieg mit 600 km/h. Nachdem der Jet in unserem Fall keine Landeerlaubnis erhält, wer-

Die sparsamen Triebwerke der Baureihe 300 bewogen die Lufthansa zum Kauf dieser Variante.

Trotz großer Konkurrenz durch die "gestreckten" DC-8-Versionen konnte sich die 707 weiter auf dem Markt behaupten. Hier die Werk-Nr. 19000 in den Farben der LAN Chile.

den zunächst in 450 m mehrere Warteschleifen geflogen. Da sich die Situation am Zielflughafen nicht ändert, entschließt sich die Besatzung auf 9.000 m zu steigen und einen Ausweichflughafen anzufliegen.

Das Beispiel zeigt, dass sich mit der „Paper-Jet-Studie" der Flug eines Jet-Airliners wirklichkeitsgetreu simulieren ließ und wichtige Erkenntnisse für den realen Betrieb gewonnen wurden.

Nachdem die Lufthansa am 23. Januar 1957 einen Vertrag über die Lieferung von vier B 707-430 zum Stückpreis von 23,9 Millionen DM geschlossen hatte, begann für den deutschen Carrier das „Jet-Zeitalter". Maßgeblich für den Kauf der Boeing-Maschine war vor allem die enorme Erfahrung, die das amerikanische Unternehmen auf dem Gebiet großer Langstrecken-Jets besaß, sowie die erfolgreiche Flugerprobung der Dash-80.

Im März 1958 erhielten Flugkapitäne der Lufthansa die Gelegenheit zu einem ausgedehnten Flug mit dem Prototyp der 707 und im November 1959 konnte die erste 707-400 fertiggestellt werden und in die Flugerprobung gehen. Nur wenige Monate später, am 2. März 1960, traf in Hamburg-Fuhlsbüttel die auf das Kennzeichen D-ABOB zugelassene erste 707 der DLH unter der Führung der Flugkapitäne Rudolf Mayr und Werner Utter ein. Für den Überführungsflug von Seattle nach Hamburg wurden im übrigen 9 Stunden und 47 Minuten benötigt.

Parallel zum Training des fliegenden Personals, das ab Anfang 1960 von Tucson, Arizona, aus erfolgte, begann in Deutschland

Boeing 707-351C Werk-Nr. 19774 mit JT3D-3B Triebwerken in den Farben der RAM. Das Flugzeug wurde 1995 weiterverkauft, es befindet sich heute in einem Hangar in Miami, Florida.

royal air maroc
BOEING 707

B-2410

TMA
OF LEBANON
OD-AGD

der Aufbau der erforderlichen Überhol- und Wartungszentren in Hamburg und Frankfurt, wobei das in der Main-Metropole entstandene, wegen ihrer Bauform „Schmetterlingshalle" genannte Zentrum mit den Maßen 176 x 56 x 16 m zu den größten seiner Art gehörte.

Bereits am 17. März 1960 konnte der Flugbetrieb mit dem Muster auf der Strecke Hamburg-Frankfurt-New York aufgenommen werden.

Allerdings stand Flug LH 420A unter keinem guten Stern. Nachdem in Hamburg ein Anlasser Schwierigkeiten gemacht hatte, kamen bei der Zwischenlandung in Frankfurt Probleme mit dem Reifendruck hinzu. Zu guter Letzt erzwang schlechtes Wetter über dem Nordatlantik eine außerplanmäßige Landung in Gander, so dass die 707 mit einer Verspätung von 7 Stunden und 32 Minuten New York erreichte. Eine verpatzte Generalprobe ist jedoch immer ein gutes Omen für den Fortgang der Dinge, so auch bei der Boeing 707, die sich voll und ganz bewährte.

Nach und nach trafen die weiteren 707-430 in Deutschland ein und schon bald brachten es die Flugzeuge auf eine tägliche Flugdauer von mehr als 10 Stunden. Die 707 erwies sich dabei als äußerst zuverlässig und wurde außerdem von den Passagieren begeistert aufgenommen.

Oben: Auch die Chinesen lernten die Vorzüge der 707 schätzen. Hier die Variante -336B Werk-Nr. 20718. Das Flugzeug wurde 1973 gebaut und zehn Jahre später zum Frachter abgeändert.

Unten: Model 707-323C mit dem Zusatz H für Heavy. Das Flugzeug mit der Werk-Nr. 18939 wurde 1965 im Auftrag von American Airlines als Frachter gefertigt. TMA übernahm 1973 den Jet mit dem Kennzeichen OD-ADG.

Die Vorzüge des Jet-Luftverkehrs lagen nicht nur in der stark verkürzten Reisezeit begründet. Die Fluggäste schätzten auch die bequeme und komfortable Unterbringung und den außergewöhnlichen Service, den die Lufthansa mit ihren Langstrecken-Jets bereitstellte. Den 24 Passagieren der 1. Klasse und den bis zu 120 Fluggästen in der Economy-Klasse standen nicht weniger als sechs Flugbegleiter zur Verfügung, die den Reisenden in kulinarischer Hinsicht einiges zu bieten hatten. Neben Leckereien wie Hummer und Austern brachte man mit westfälischem Schinken und Fassbier auch Deftiges aus deutschen Landen auf den Tisch und das alles in einem ansprechenden Ambiente. Rote Sessel in beiden Klassen unterstrichen die neue Art des Reisens ebenso wie neue Uniformen für die Flugbegleiter, die kein geringerer als der international bekannte Modeschöpfer Heinz Oestergard entworfen hatte.

Inzwischen nahm der Einsatz von Strahl-Verkehrsflugzeugen weltweit rapide zu. Immer mehr Fluggesellschaften trennten sich von ihren Propellermaschinen und wandten sich dem Jet zu. Zeitgleich hatte auch die Flugzeugindustrie voll auf den neuen Trend gesetzt. Boeing und Douglas waren beim Kampf um Marktanteile nicht mehr unter sich. Convair versuchte mit der CV 990 „Coronado" einen Nachfolger für die glücklose CV 880 ins Gespräch zu bringen und die britischen Vickers-Werke präsentierten mit der vierstrahligen VC 10 einen Langstrecken-Jet, der die amerikanische Vorherrschaft auf diesem Luftfahrtsektor brechen sollte.

Es entstand so eine Überkapazität des Sitzplatzangebotes und ein sehr harter Konkurrenzkampf zwischen den Airlines, von dem die Passagiere profitierten. Kostete bei der DLH ein Rückflugticket nach New York mit der „Super Star" noch rund 2.200 DM, so waren Anfang der sechziger Jahre mit der 707 nur noch 1.700 DM zu entrichten.

Diese Entwicklung konnte der Lufthansa natürlich nicht recht sein, zumal sie aufgrund des Preiverfalls staatlicher Subventionen bedurfte. Sparen war also angesagt. Eine Kostenreduzierung ließ sich unter anderem beim Kraftstoffverbrauch erzielen und so wundert es nicht, dass die DLH beim Ausbau ihrer Jet-Flotte auf die neue Boeing 707-300B setzte, deren Triebwerke rund 10 % weniger Kraftstoff verbrauchten als dies bei den Rolls Royce „Conway" der Fall war. In diesem Zusammenhang ist von einer Besonderheit des britischen Triebwerkes zu berichten. Der Antrieb durfte nicht mit einer bestimmten Drehzahl betrieben werden, doch ausgerechnet diese war für das Rollen erforderlich, so dass sich für die Flugzeugführer eine kuriose Situation ergab. Einerseits mussten sie für das Rollen die Triebwerke mit einer hohen Drehzahl fahren, andererseits mussten sie immer wieder bremsen, um die zulässige Rollgeschwindigkeit nicht zu überschreiten.

Das erste von zwölf Flugzeugen der Baureihe 707-330B übernahm die Lufthansa am 5. März 1964, es folgten ab 1965 noch sechs 707-330C. Intern bezeichnete der Carrier die Maschinen als 707 A (707-430), 707 B (707-330B) und 707 C (707-330C). Einzelheiten über diese Flugzeuge finden sich im Anhang des Buches.

Nach Meinung der Ingenieure war das Entwicklungspotential der 707 mit den Baureihen 300 und 400 keineswegs ausgeschöpft. Bereits zu Beginn der sechziger Jahre machte man sich unter der Bezeichnung 707-500 Gedanken über eine um 6,10 m verlängerte Version des Airliners, ohne diese in die Tat umzusetzen. Nachdem 1966 die ersten „gestreckten" DC-8 auftauchten und in größeren

Stückzahlen verkauft wurden, holte Boeing 1973 das alte Konzept aus der Schublade, um es geringfügig modifiziert den Carriern anzubieten. Danach sollte durch Einfügen eines 3,05 m und eines 2,03 m breiten Rumpfsegmentes die Kabine um 5,08 m verlängert werden, wobei aus Gründen der Schwerpunktwanderung das eine Segment vor dem Tragflügel und das andere dahinter eingebaut werden sollte.

Gewichtsanalysen zeigten, dass das maximale Startgewicht mit 153600 kg nur unwesentlich über dem der Version 707-300C lag. Es ergab sich außerdem die Möglichkeit, neben dem Bau neuer Flugzeuge vorhandene Maschinen auf den Stand der 707-500 umzurüsten.

Die Auslieferung der ersten Jets war für Anfang 1975 vorgesehen. Voraussetzung war allerdings ein Auftragsvolumen von 15 Aufträgen für Neu- oder Umbauten. Zu diesem Zeitpunkt verwöhnten bereits „wide-body" Airliner wie die Douglas DC-10, die Lockheed L-1011 „TriStar" und nicht zuletzt Boeings Riesenflugzeug 747 – der legendäre „Jumbo Jet" – die Passagiere mit einem Raumkomfort, wie man ihn von Jet-Airlinern bis dahin nicht kannte. Aus diesem Grund stieß die „Long-707", wie das Flugzeug intern genannt wurde, auf wenig Gegenliebe bei den Fluggesellschaften, so dass das Programm aufgegeben wurde.

Nicht nur die aufgezählten Großraumflugzeuge setzten der Boeing 707 in den siebziger Jahren stark zu, zahlreiche Länder führten zu diesem Zeitpunkt strengere Lärm- und Emissionswerte ein, die das Einsatzspektrum des betagten Jets stark einschränkten. Dank des von General Electric in Zusammenarbeit mit der französischen SNECMA entwickelten Triebwerkes CFM-56 bot sich 1977 die Möglichkeit, die 707 mit einem sparsamen und leisen Antrieb der 10-Tonnen-Schubklasse auszurüsten, um so den verschärften Umweltschutz-Bestimmungen Rechnung zu tragen. Gleichzeitig entsprach man damit dem Wunsch der Airlines über ein Flugzeug verfügen zu können, das geringe Betriebskosten aufweist.

Von Anfang an war klar, dass die Auflage einer neuen Baureihe nicht in Frage kam, vielmehr sollte der Antrieb in Form eines „conversion kit" zur Umrüstung vorhandener Flugzeuge angeboten werden. Der Umbau, der die Bezeichnung 707-700 trug, bedingte eine Reihe von Zellen- und Systemänderungen. Neben neuen Triebwerkinstrumenten und einer geänderten Verkabelung der Triebwerkssysteme erforderte das CFM-56 in erster Linie neue Gondeln mit überarbeiteten Trägern und verstärkten Flügelanschlüssen, sowie zahlreiche Detailänderungen.

Mit dem Schriftzug „707/CFM-56 Test" auf den Rumpfseiten startete am 27. November 1979 von Seattle aus ein Erprobungsträger zu einem umfänglichen Versuchsprogramm, das eine Gesamtflugzeit von 164 Stunden umfasste. Im Gegensatz zur McDonnell Douglas Corporation (1967 hatte McDonnell die in Schwierigkeiten befindliche Firma Douglas übernommen), die eine ganze Reihe von DC-8 mit dem CFM-56 ausstattete, nahm Boeing von den Umbauplänen Abstand, da man der Neuentwicklung 757 keine hauseigene Konkurrenz machen wollte.

Die mit dem Versuchsträger gemachten Erfahrungen kamen allerdings den diversen Boeing-Flugzeugen, darunter E-3, E-6, KC-135 und 737-300 zugute.

Beim CFM-56-Testflugzeug handelte es sich im übrigen um eine fabrikneue Maschine, die nach Abschluss der Erprobung auf den Stand der Version 707-300C gebracht und im April 1982 an die Regierung von Marokko verkauft wurde, es war zugleich die letzte für zivile Zwecke gebaute 707.

Zu diesem Zeitpunkt hatte sich der Airliner bereits einen legendären Ruf als robustes und zuverlässiges Flugzeug erworben, das von spektakulären Unfällen weitgehend verschont blieb, sich aber auch im Hinblick auf Rekorde und Erstleistungen zurückhielt. Lediglich ein Ereignis ist zu erwähnen. Die Rede ist vom ersten Rund-um-die-Welt-Flug, der über beide Pole führte. Eine mit zusätzlichen Kraftstoffreserven ausgerüstete 707-349C des Transportspezialisten „Flying Tigers", die den Namen „Pole Cat" trug, gelang im Jahre 1965 der aufsehenerregende Flug. Es war zugleich das erstemal, dass während eines Interkontinentalfluges der Südpol überquert wurde.

Nach wie vor ist die 707 weltweit anzutreffen. Die älteren von rund 120 noch im Einsatz befindlichen Exemplaren weisen inzwischen 80 bis 90.000 Flugstunden auf. Dabei ist nicht abzusehen, wann sich ein 707-Airliner zum letztenmal in die Luft erheben wird. Eine ganze Reihe von Firmen hat sich mittlerweile darauf spezialisiert, den Oldtimer durch neue Triebwerkgondeln und Schalldämpfer, die den aktuellen Umweltschutz-Bestimmungen entsprechen, zu modernisieren. Während die Ausstattung mit dem CFM-56 zirka 11 Millionen US-Dollar gekostet hätte, schlägt eine Modifizierung der Triebwerkgondeln mit rund 2 Millionen US-Dollar zu Buche.

Oben: Selten bekamen Luftfahrtenthusiasten die Werk-Nr. 20889 der Iraqi Airways vor die Linse.

Unten: Der Versuchsträger "CFM-Test" startete am 27. November 1979 zum Erstflug.

الخطوط الجوية العراقية
Iraqi
Iraqi
YI-AGE

707
707/CFM56 TEST
N70707

5 *Familienzuwachs*

Die Baureihe 720

Oben: Das erste Flugzeug der Baureihe 720, die Werk-Nr. 17907, weist eine sehr wechselvolle Geschichte auf, in deren Verlauf sich das Flugzeug in immer neuen Anstrichen präsentierte. Der hier gezeigte gehörte sicherlich zu den auffälligsten.

Unten: Popstars und Sportmannschaften übernehmen häufig Airliner, die die Carrier ausrangiert haben, so auch das Dodgers Baseball Team aus Los Angeles, das eine Zeitlang diese 720-023B Werk-Nr.18022 mit der Zulassung N1R flog.

Die für den Einsatz auf dem inneramerikanischen Streckennetz konzipierte 707-100 verfügte mit bis zu 179 Sitzplätzen über ein Platzangebot, das gegenüber den bekannten Propellermaschinen etwa doppelt so groß war. Der Einsatz des Jets lohnte sich daher nur auf gut ausgelasteten Routen.

Boeing beabsichtigte, dem Airliner eine kleinere Ausführung zur Seite zu stellen, mit welcher weniger stark ausgelastete Strecken bedient werden sollten. Außerdem war der Einsatz auf der Kurz- und Mittelstrecke geplant, wobei die geringeren Massen auch ein Anfliegen von Flughäfen gestattete, deren Ausbau oder Lage bis dato noch keinen Betrieb von Jet-Airlinern zuließ. Bei einem Abfluggewicht von 83,5 Tonnen reichte bereits eine Startbahn von nur 1.650 m Länge völlig aus.

Das neue Flugzeug erhielt die Bezeichnung 707-000 bzw. später 707-020. Gegenüber der 707-100 wurde die Rumpflänge auf 41,50 m verkürzt und somit auch das Platzangebot beschnitten. Typisch für die damalige Zeit war eine Bestuhlung von 38 Sitzen in der 1.Klasse und 74 Sitzen in der Economy-Klasse. Die 707-000, die auch als „Baby-707" bekannt wurde, verwendete aus Kostengründen möglichst viele Baugruppen und Ausrüstungsteile der 707-100. Folglich änderte sich am Rumpfdurchmesser nichts und auch das Flugdeck entsprach der Basisversion, wenngleich das Flugzeug im Bedarfsfall auch mit einer dreiköpfigen Besatzung geflogen werden konnte.

Die Bezeichnung „Bunter Vogel" trifft auf diese 720-023B Werk-Nr. 18037 der Ecuatoriana voll zu.

Neben der Rumpfverkürzung hatte eine Gewichtsanalyse zu einer deutlichen Reduzierung der Leermasse geführt. Demzufolge konnte das Fahrwerk bei gleichbleibender Radzahl leichter und mit kleineren Rädern ausgestattet werden.

Während die 707-100 eine Betriebsmasse von 53.520 kg auf die Waage brachte, waren es bei der 707-000 nur noch 50.260 kg.

Die Gewichtseinsparung machte sich vor allem bei der Reichweite bemerkbar. Während die 707-100 maximal 7.485 km zurücklegen konnte, brachte es das neue Modell auf beachtliche 8.430 km.

Einen gravierenden Unterschied zur Basisausführung bilden die Tragflächen, deren Spannweite zwar mit dem Grundmodell übereinstimmt, die jedoch im Bereich der Vorderkanten deutliche Änderungen aufweisen. Zur Verbesserung der Start- und Landeeigenschaften erstrecken sich Krüger-Klappen fast über die gesamte Spannweite. Außerdem wurde die Pfeilung zwischen Rumpf und Innentriebwerken erhöht – eine Modifikation, die später von der 707-100B übernommen wurde –.

Die Unterschiede zur Basisbaureihe bewogen Boeing, dem Flugzeug eine eigenständige Modellnummer und zwar 720 zu geben.

Als der Prototyp der 720 am 23. November 1959 erstmals vom Boden abhob, konnte er trotz großer Ähnlichkeit mit seinem größeren Stallgefährten leicht an der fehlenden HF-Antenne am Seitenleitwerk identifiziert werden. Dieses Unterscheidungsmerkmal ging jedoch schon bald verloren, da die meisten Fluggesellschaften den Einbau der Antenne wünschten. Auch die anfänglich bei der 720 fehlende Heckflosse wurde später von der 707 übernommen, so dass es nur sehr erfahrenen Kennern der Luftfahrtszene möglich ist, die Modelle auf Anhieb zu unterscheiden.

Erster Abnehmer der 720 war United Airlines, die mit einer Bestellung von nicht weniger als 29 Exemplaren gleich ganz groß einstieg. Diese Gesellschaft war es auch, die das Flugzeug als erste ab dem 5. Juli 1960 einsetz-

Trotz hoher Reisegeschwindigkeit und dem Erreichen von Rekordzeiten nach Fernost fand die Lufthansa wenig Gefallen an der Boeing 720, so daß man sich schnell von dem Muster trennte. Foto: Lufthansa

te. Kurz zuvor – am 30. Juni – hatte der jüngste Spross der Boeing-Flugzeug-Familie sein Lufttüchtigkeitszeugnis erhalten.

Als nächste Gesellschaft entschied sich American Airlines mit einem Auftrag über zehn Flugzeuge für den Neuling. Anscheinend traute die Gesellschaft ihren Passagieren nur wenig technisches Verständnis zu, man wollte, wie es hieß, die Fluggäste nicht mit verschiedenen Typenbezeichnungen irritieren und versah die Flugzeuge mit der Aufschrift „707-Astrojet" !

Bei Boeing behielt man das bereits von der 707 bekannte Bezeichnungssystem bei, wonach die beiden letzten Ziffern der Modellnummer Auskunft über den Käufer des Jets geben.

Die Einführung von Turbofan-Triebwerken beeinflusste auch das 720-Programm. Bereits am 6. Oktober 1960 stand die erste mit Pratt & Whitney JT3D-1 (7710 kp) ausgestattete 720-020B zum Jungfernflug bereit. Gegenüber der Basisversion 720-020, die wahlweise mit dem JT3C-7 (5448 kp) oder dem JT3C-12 (5902 kp) abgeliefert werden konnte, ergaben sich eine ganze Reihe von Änderungen. So wurde die Spannweite des Höhenleitwerkes von 12,09 m auf 13,21 m erhöht. Bedingt durch die Pfeilung des Höhenleitwerks stieg die Gesamtlänge des Flugzeuges um 22 cm. Auch das Seitenleitwerk hatte man vergrößert, so dass die Gesamthöhe von 11,56 m auf 12,47 m anstieg. Während die Basisbaureihe bis zu 160 Fluggäste aufnahm, führten Änderungen im Bereich der Bestuhlung dazu, dass maximal 181 Sitzplätze eingerichtet werden konnten. Zu guter letzt erfuhren die Kraftstofftanks eine Überarbeitung mit der Folge, dass 56.416 Liter mitgeführt werden konnten – gegenüber dem Grundmodell fast 12.000 Liter mehr.

Die Betankung der zwischen den Flügelholmen angeordneten Kraftstoffbehälter erfolgte wahlweise über Stutzen auf und unter den Tragflügeln. Beim Einsatz der Druckbetankung lassen sich bis zu 4.000 Liter pro Minute zuführen.

Die mit den Änderungen verbundene Steigerung der Leer- und Abflugmasse auf 52.390 kg bzw. 106.140 kg wirkten sich nicht leistungsmindernd aus. Dank der schubstarken Triebwerke konnte sogar eine Steigerung der maximalen Reisegeschwindigkeit von 967 auf 1001 km/h erzielt werden. Noch beeindruckender ist die Erhöhung der Steigleistung, die mit 1.125 Metern pro Minute fast doppelt so hoch ist wie die der 707-020. Kein Wunder, dass bereits ausgelieferte Flugzeuge nachträglich auf den Stand des B-Modells umgebaut wurden.

Gegen Ende der 50er Jahre plante die Lufthansa eine Erweiterung ihres Streckennetzes, das nun auch nach Fernost und dem Südatlantik führen sollte. Zur Bedienung der neuen Routen suchte man nach einem passenden Fluggerät, das vier Grundforderungen erfüllen musste.

a) Reichweite für den Übergangsbereich von der langen Mittelstrecke zur kurzen Langstrecke.
b) Hohe Reisegeschwindigkeit, möglichst im schallnahen Bereich.
c) Sitzplatzangebot für 90 bis 150 Fluggäste.
d) Lieferung des Flugzeuges ab 1961.

Nach Sichtung der in Frage kommenden Flugzeuge blieben nur noch die Boeing 720 und die Convair 600 als ernstzunehmende Kandidaten übrig.

In Konkurrenz zur Boeing 707 und Douglas DC-8 hatte Convair im Jahre 1959 das Modell 22 „Skylark" herausgebracht, das später als Convair CV 600 und schließlich als Convair CV 880 bezeichnet wurde. Der vierstrahlige Jet entsprach vom Erscheinungsbild her der 707 und DC-8. Sein großer Nachteil lag im geringeren Rumpfdurchmesser, der zwar hohe Reisegeschwindigkeiten ermöglichte, jedoch nur den Einbau von fünf Sitzen zuließ, so dass lediglich 124 Passagiere Platz fanden.

Convair erkannte schnell, dass das Modell 22 das Rennen verloren hatte und nur eine wesentlich verbesserte Baureihe Erfolg haben

Die isländische Eagle Air flog ihre 720-025 Werk-Nr. 18163 nur wenige Monate.

Die 720-040B Werk-Nr. 18745 im Landeanflug.

konnte. Insbesondere war daran gedacht, der aufstrebenden Boeing 720 den Markt streitig zu machen. Es entstand so das Modell 30, das als Convair CV 990 „Coronado" in den Serienbau ging.

Die Lufthansa analysierte die Muster sehr genau und wog das Für und Wider der Konstruktionen ab.

Für die Convair Maschine sprach die hohe Festigkeit der Zelle und die starke Beplankung von Rumpf und Tragflächen, die dem Flugzeug eine Lebensdauer von mindestens 20 Jahren verleihen sollte. Außerdem erschien es von Vorteil, dass Triebwerke und die elektrische Anlage aus einem Hause, und zwar von General Electric, stammte. Darüber hinaus wies Convair darauf hin, dass aufgrund des späten Entwicklungsbeginns neueste Erkenntnisse des Flugzeug- und Triebwerkbaus sowie der Avionik in die Konstruktion der CV 990 eingeflossen waren.

Schlussendlich entschied sich die Lufthansa für die Boeing 720B, wobei die Wahl wie folgt begründet wurde: Durch eine Vereinheitlichung des Flugzeugparks können Kosten im Bereich der Ersatzteilhaltung und der Schulung erzielt werden, dies gilt auch für die Wartung der Flugzeuge. Ferner entsprechen die Start- und Landeeigenschaften der 720B den besonderen Anforderungen der tropischen und subtropischen Flughäfen in Asien und der südlichen Halbkugel. Außerdem weisen die Hauptkabine und die Unterflurfrachträume gegenüber der Convair Konstruktion ein größeres Volumen auf und nicht zuletzt ist die 720B leichter als ihr Konkurrent.

Die ersten von acht Flugzeugen der Baureihe 720-030B trafen im März 1961 in Deutschland ein; es zeigte sich nach kurzer Zeit, dass das Muster Schwierigkeiten bereitete. In seinem Buch „Kranich unter der Sonne" weiß Lufthansa Flugkapitän Rudolf Braunburg von Problemen mit den an den Triebwerken angeschlossenen Generatoren zu berichten. Eine Störquelle, die man nur mühsam in den Griff bekam.

Wenngleich das schnelle Flugzeug neue Streckenrekorde für die Lufthansa aufstellte, vermochte die 720 nie an die Popularität der 707 anzuknüpfen. Mit zwei Abstürzen, die Tote forderten und die sich während Trainingsflügen ereigneten, geriet der Jet außerdem in die Schlagzeilen. Auch wenn die Abstürze nichts mit der Konstruktion des Flugzeuges zu tun hatten, begann die Ablösung der ersten Maschinen bereits im Jahre 1964. Eine Darstellung der in Deutschland eingesetzten 720 findet sich im Anhang des Buches. Für Boeing war die 720 nur eine Episode in der Firmengeschichte. Mit 154 Exemplaren, von denen sich noch etwa 15 im Einsatz befinden, kann sich das Muster mit keinem anderen Mitglied der Boeing „Jet-Airliner-Family" vergleichen.

Die Zahl der Sondermodelle und Spezialvarianten ist sehr beschränkt. Boeing baute ein Flugzeug zum U-Boot-Jäger um, jedoch stieß diese Variante auf kein Interesse. 1969 erschien ein Testflugzeug für fortschrittliche Avionik. Bei dieser Maschine hatte man die Tragflügel um jeweils 1,07 m verlängert, so dass Raum für zusätzliche Antennen und Ausrüstung geschaffen wurde. Außerdem führte das Flugzeug zwei Flugkörper mit, die als „elektronische Köder" dienten. Die diversen Versuche wurden von einem Team von 25 Ingenieuren, die in der Hauptkabine untergebracht waren, beobachtet und aufgezeichnet. Zum Schluss noch ein Hinweis auf den Erprobungsträger von Pratt & Whitney Canada (PWC), der seit Jahren mit dem US Kennzeichen N720PW für die Untersuchung von Triebwerken Verwendung findet, so auch für das PW 6000. Der Antrieb ist u.a. für den Airbus A318 vorgesehen und soll je nach Ausführung zwischen 71,17 und 106,75 kN leisten. Die Flugerprobung begann am 21. August 2000, als die 720-023B von Plattsburgh aus zu einem Testflug von 1 Stunde und 20 Minuten startete. Das unter dem rechten Innenflügel befestigte Triebwerk wurde dabei in vielfältiger Weise untersucht und während des Fluges ein- und ausgeschaltet. Weitere Flüge sind für 2001 vorgesehen.

Oben: Boeing 720-051B Werk-Nr. 18381. Das Flugzeug absolvierte am 14. Juli 1961 seinen Erstflug. Bevor der Airliner mit dem Kennzeichen G-AZFB in den Dienst der Monarch Airlines trat, hatte er mehrfach den Besitzer und das Kennzeichen gewechselt.

Unten: Die Werk-Nr. 18075, eine 720-022, wurde im Mai 1976 verschrottet.

AEROAMERICA

Die im Januar 1961 von Braniff übernommene 720-027 Werk-Nr. 18084 ging 1973 in den Besitz von Aeroamerica über.

6 *Ein neuer Markt erschließt sich*
Die 707-Militärvarianten

Unter der militärischen Bezeichnung KC-135 begann im Jahre 1956 die Produktion des Boeing Modells 717, das eine direkte Ableitung der Boeing 367-80 darstellte. Das kombinierte Transport-Tanker-Flugzeug, das in der Version A wahlweise 80 Passagiere oder 118092 l Treibstoff befördern kann, wurde schon bald zu einem Eckpfeiler im Tanker- und Transportersystem der US Air Force, wobei mit der C-135 „Stratolifter" ab Beginn der sechziger Jahre eine reine Frachtversion für bis zu 126 Passagiere zur Verfügung stand. Im Laufe der Jahre wurde sowohl die C-135 als auch die KC-135 in vielfältiger Weise für die Übernahme neuer Aufgaben adaptiert. Es entstanden somit zahlreiche Sondermodelle, die sich vor allem durch diverse Verkleidungen im Rumpfbereich oder einem neugestalteten Rumpfbug von den Grundmodellen unterscheiden und diverse Funktionen, überwiegend im Bereich der elektronischen Kriegsführung, erfüllen. Es würde an dieser Stelle zu weit führen, wenn man auf all diese Flugzeuge im einzelnen detailliert eingehen würde, jedoch sollen sämtliche Varianten nachfolgend in der gebotenen Kürze vorgestellt werden, so dass eine Unterscheidung zwischen den Militärvarianten der Modelle 707 und 717 erleichtert wird. Anzumerken ist, dass Boeing die Modellbezeichnung 717 inzwischen erneut vergeben hat und zwar für ein zweistrahliges Verkehrsflugzeug, das seit Ende der 90er Jahre in der Fertigung steht.

Die C-135A unterscheidet sich auf den ersten Blick kaum von der 707.

Das Wetterbeobachtungsflugzeug WC-135B.

KC-135A „Stratotanker"
Basismodell der Transport/Tanker-Ausführung. Das erste von 732 Flugzeugen startete am 31. August 1956 zum Erstflug. Der Antrieb bestand aus vier Pratt & Whitney J57.

C-135A „Stratolifter"
Das in 45 Einheiten georderte Flugzeug sollte ausschließlich Transporteraufgaben übernehmen, jedoch wurden drei Maschinen mit dem Beinamen „Falsie" versehen und mit einem Betankungssystem ausgerüstet. Während die letzten 30 Flugzeuge der Fertigung als C-135B gebaut wurden, rüstete man drei KC-135A zu C-135A um.

EC-135A
Umbau von elf KC-135A im Jahre 1965 für den Einsatz als fliegende Funkverbindungsstation des strategischen Bomberkommandos.

JKC-135A
Fünf KC-135A standen für die Übernahme unterschiedlicher Aufgaben bereit. Der Kennbuchstabe J weist darauf hin, dass diese Funktionen nur vorübergehend übernommen wurden.

NC-135A
Die „Atomic Energy Commission" übernahm 1964 drei Flugzeuge, die sie später an die US Air Force zurückgab.

NKC-135A
Vierzehn KC-135A wurden auf den Standard dieser Version gebracht, die im wesentlichen der Erprobung und Entwicklung von Geräten zur elektronischen Kampfführung dienten.

RC-135A
Vier C-135A wurden für die Übernahme von Sonderaufgaben beim Military Air Transport Service modifiziert.

C-135B
Hauptunterschied zum Grundmodell bildet die aus Pratt & Whitney TF33 Turbofans bestehende Triebwerkanlage sowie ein Höhenleitwerk mit größerer Spannweite.

C-135B (TRIA)
Erkennungszeichen dieser drei umgebauten C-135B ist die Verlängerung und Vergrößerung des Rumpfbugs um 3,04 m, der den Flug-

zeugen ein völlig neues Erscheinungsbild verleiht.

KC-135B
Siebzehn Flugzeuge wurden als „fliegender Kommandostand" in Dienst gestellt.

RC-135B
Dieser mit zahlreicher elektronischer Sonderausrüstung ausgestattete Aufklärer wurde in zehn Exemplaren aufgelegt.

VC-135B
Zeitweise taten fünf C-135B als VIP-Flugzeuge Dienst.

WC-135B
Dieses Wetterbeobachtungsflugzeug entstand durch die Umrüstung von zehn C-135B im Jahre 1965.

C-135C
Drei C-135B erhielten TF33-PW-102 Triebwerke und die neue Kennung C-135C.

EC-135C
Durch den Umbau von vierzehn KC-135B zu „fliegenden Kommandoständen" entstand diese Version, die über eine Betankungsanlage im Rumpfbug verfügt.

RC-135C
Diese mit Spezialkameras und geheimer Elektronik ausgerüstete Variante ging aus dem Umbau von RC-135B Flugzeugen hervor. Entfernt wurde unter anderem das Betankungssystem einschließlich der Operator-Station. Später wurden die zehn Flugzeuge Gegenstand weiterer Modifizierungen. Die Typenkennung lautete von da an RC-135U bzw. RC-135V.

KC-135D
Ursprünglich als RC-135A für das Transport-Kommando gebaut, übernahm das strategische Bomberkommando im Jahre 1972 vier Maschinen, die zu Tankern umgerüstet wurden und später TF33-PW102 Triebwerke erhielten.

RC-135D
Erkennungszeichen dieser vier Flugzeuge war der „Fingerhut"-Rumpfbug, der den Einbau einer großen Radarantenne ermöglichte. In der

Der VIP-Transporter VC-135B Werk-Nr. 18465.

Charakteristisch für die Version EC-135N ist der neugestaltete Rumpfbug.

zweiten Hälfte der siebziger Jahre baute man drei der verbliebenen Flugzeuge zu KC-135A um.

C-135E
Diese zwei Maschinen entsprechen bis auf den Einbau von TF33-PW102 Triebwerken der C-135A.

EC-135E
Durch den Einbau von TF33-PW102 in diverse KC-135A entstand eine neue Typenbezeichnung.

KC-135E
Überschüssige JT3D-Triebwerke von stillgelegten zivilen 707 wurden ab Beginn der achtziger Jahre in KC-135A Tanker der Air National Guard und der USAF Reserve eingebaut. Die rund 140 umgerüsteten Maschinen erhielten daraufhin eine neue Kennung.

NKC-135E
Umbau einer NKC-135A auf TF33-PW102 Triebwerke.

RC-135E
Lediglich ein Flugzeug entstand durch den Umbau einer C-135B. Äußerliche Unterschiede betreffen den Ausbau der Betankungsanlage, sowie die Verwendung eines „Fingerhut"-Radoms im Rumpfbug. Ferner führt die Maschine Spezialbehälter unter dem Tragflügel mit.

C-135F
Frankreich erhielt 1964 zwölf dieser Flugzeuge, die später auf CFM56 Triebwerke umgerüstet wurden und von da an die Kennung C-135FR trugen. Seit September 1993 ist das Boeing Werk Wichita mit der Installation von Schlauch-Betankungsanlagen unter den Tragflächen befasst.

EC-135G
Vier KC-135A wurden zu „fliegenden Kontrollstationen" für den Lenkwaffenabschuss umgerüstet.

EC-135H
Diese Version, die durch den Umbau von fünf KC-135A entstand, entspricht weitgehend der EC-135G, jedoch verfügen die Flugzeuge über TF33-PW102.

EC-135J
Drei KC-135B wurden zu „fliegenden Kommandostationen" umgerüstet.

1984 begann die Umrüstung von 280 KC-135A auf das CFM-56 Triebwerk. Die neue Typenbezeichnung lautet KC-135R.

EC-135K
Die verschiedenen USAF-Verbände, wie das Strategische Bomberkommando (SAC) oder das Taktische Luftkommando (TAC), benötigten unterschiedliche Ausrüstungen für die Aufgabenstellung „fliegende Kommandostation". Die EC-135K war speziell für den Einsatz beim TAC zugeschnitten. Ein großer Teil der für diesen Zweck umgebauten KC-135A erhielt TF33-PW102 Triebwerke.

EC-135L
Eine weitere „fliegende Kommandozentrale". Acht KC-135A wurden 1965 modifiziert.

RC-135M
Diese Variante eines Elektronischen-Aufklärers wurde 1967 durch den Umbau von sechs C-135B realisiert.

C-135N
Vier C-135A rüstete man bei Douglas um. Die der C-135B (TRIA) ähnliche Version wurde für verschiedene Raumfahrt-Programme der USA eingesetzt.

EC-135N
Aufbauend auf dem Modell C-135N baute Douglas vier Flugzeuge um. Auf der Rumpfoberseite befindet sich eine Station für eine als „Airborne-Lightweight Optical Tracking System" bezeichnete Anlage, die aus einem 200 mm-Teleskop, einer 70 mm-Kamera und zwei Fernsehkameras besteht.

EC-135P
Eine weitere Version einer „fliegenden Kommandostation".

KC-135Q
Diese Tankerversion wurde ausschließlich zur Betankung des Aufklärers SR-71 „Blackbird" verwendet. Die 56 Flugzeuge führten den Sonderkraftstoff JP-7 mit.

KC-135R
Während der sechziger Jahre wurden vier KC-135A zur Übernahme von Aufkläreraufgaben modifiziert.
1984 begann man mit der Umrüstung von mehr als 280 KC-135A Flugzeugen auf das CFM56 Triebwerk, das die militärische Be-

zeichnung F108 trägt. Der Umbausatz umfaßt 54.000 Teile, wobei auch das elektrische und hydraulische System betroffen ist. Außerdem verfügen die Flugzeuge über ein verstärktes Fahrwerk und zwei Hilfsaggregate (APU) zum schnellen Anlassen der Triebwerke. Eigenartigerweise erhielten diese Maschinen die bereits Jahre zuvor vergebene R-Kennung.

RC-135R

Eine KC-135A wurde umfänglich abgeändert, mit einem „Fingerhut"-Radom ausgestattet und mit zahlreichen Verkleidungen rund um den Rumpf versehen. Später erfolgten weitere Modifizierungen, die zur Typenbezeichnung RC-135T führten.

TC-135S

Aus einer EC-135B entstand dieses Trainingsflugzeug für RC-135S-Besatzungen im Jahre 1984.

RC-135T

Das anfänglich als RC-135S geführte Flugzeug wurde nach dem Umbau zum T-Modell nur kurzfristig für Trainingsaufgaben eingesetzt, um dann zur KC-135A-Version umgebaut zu werden.

RC-135U

Kennzeichnend für die drei aus dem Umbau von RC-135C Modellen hervorgegangenen Flugzeuge sind die zahlreichen Antennen- und Sensorverkleidungen im Rumpfbereich.

RC-135V

Sieben RC-135C und eine RC-135U wurden in den siebziger Jahren auf den Standard der neuen Version V gebracht.

RC-135W

Von dieser Version – die durch den Umbau von RC-135M Flugzeugen entstand – existieren sechs Exemplare.

TC-135W

Als Einzelstück steht dieser Trainer zur Verfügung. Als Basis für die Modifikation diente eine C-135B.

Mit den zahlreichen Varianten der Modell-Reihe 717 standen den Militärs eine Vielzahl

RC-135U eine weitere Spezialvariante der KC-135.

von Flugzeugen für die unterschiedlichsten Zwecke zur Verfügung. Es erstaunt, dass trotz dieses Sachverhaltes auch die Boeing 707 militärische Verwendung fand.

Frühzeitig bekundete die US Air Force an der gegenüber der C-135 geräumigeren 707 Interesse. Bereits 1958 erhielt Boeing eine Bestellung über drei Flugzeuge der Baureihe 707-100, die als VIP-Transporter unter der Bezeichnung VC-137A zum Einsatz gelangten.

Die Flugzeuge unterschieden sich neben geringen Änderungen im Bereich des elektrischen Systems hauptsächlich durch eine völlig neugestaltete Kabine von ihren zivilen Gegenstücken. Als Reiseflugzeuge, die auch vom US-Präsidenten genutzt wurden, mussten die Jets über eine weitreichende, leistungsstarke Funkanlage verfügen, die unmittelbar hinter dem Flugdeck Platz fand. Es folgte ein kleines Kabinenabteil für bis zu acht Personen, dem sich die Hauptkabine anschloß, die nach Art eines Hauptquartiers mit Konferenztischen und Filmprojektoren ausgestattet war. Schlafcouchen und Sessel waren ebenfalls vorhanden. Außerdem sorgte Küchenpersonal, dem nicht weniger als drei Bordküchen zur Verfügung standen, für das leibliche Wohl der Passagiere. Im Heck der VIP-Maschinen befanden sich zwei Umkleideräume sowie ein weiteres Abteil mit einer Bestuhlung für bis zu vierzehn Personen.

Das maximale Sitzplatzangebot betrug im übrigen 40 Plätze, wobei noch bis zu 18 Flugbegleiter Platz fanden.

Die drei Flugzeuge, deren erstes Exemplar am 7. April 1959 zum Erstflug startete, erhiel-

Oben: Rumpfbugdetails der RC-135 U.

Unten: Bei der RC-135 W handelt es sich um einen weiteren Spezialaufklärer.

Oben: VC-137B Werk-Nr. 17926. Der ausgerollte rote Teppich und die Bewachung des Flugzeuges lassen auf hohen Besuch schließen. Das Flugzeug wurde zunächst als Baureihe A aufgelegt und später zur Version B umgebaut. 1980 erfolgte die Umwandlung zur C-137B.

Unten: Die Luftwaffe flog die 707 seit 1968.

ten später JT3D-3 Turbofan-Triebwerke und die neue Militärkennung VC-137B.

War der US-Präsident an Bord, wurde das jeweilige Flugzeug als „Air Force One" angesprochen.

Die Rolle der Präsidenten-Maschine, auch „Flying White House" genannt, übernahm ab Oktober 1962 eine VC-137C. Hierbei handelt es sich um eine Ableitung aus der Version 707-300B. Zwar wurde 1972 eine weitere VC-137C geordert, jedoch konnte dieses Flugzeug nie den Bekanntheitsgrad der Original-Maschine mit dem Kennzeichen 26000 erreichen.

Anscheinend besitzt diese Zahl eine besondere Bedeutung, wenn man bedenkt, dass auch die von Adolf Hitler benutzten Reiseflugzeuge des Typs Junkers Ju 52 und Focke-Wulf Fw 200 „Condor" die Kennung 26+00 trugen.

Heute stehen dem amerikanischen Präsidenten neben der 707, die er hauptsächlich auf Inlandflügen benutzt, zwei Boeing VC-25A Flugzeuge zur Verfügung. Hinter der militärischen Bezeichnung verbirgt sich Boeings gigantische 747-200B, die der Aufgabe entsprechend modifiziert wurde. Einschließlich der erforderlichen Wartungshalle, sowie entsprechender Ersatzteile kostete die Beschaffung der Flugzeuge 412 Millionen US Dollar.

Nachdem gebrauchte Boeing 707 immer wieder auf dem freien Markt angeboten wurden, kaufte die USAF 1965 eine Maschine von Wardair, um sie unter der Kennung C-137C einzusetzen. Diese Bezeichnung trägt auch eine 707, die von Schmugglern benutzt und von den US-Behörden konfisziert wurde.

Inzwischen hat die US Air Force eine ganze Reihe von zivilen 707 übernommen und sie für diverse Aufgaben adaptiert. So operieren zwei 707-300 und eine 707-300B ebenfalls unter der Kennung VC-137C als Transporter, während fünf ehemalige Airliner als „fliegende Klassenzimmer" für das Training von AWACS-Besatzungen benutzt werden.

Neben der US Air Force haben sich auch andere Luftstreitkräfte für die 707 entschieden, dabei stehen die Aufgabenstellungen Transport und Luftbetankung im Mittelpunkt der vielfältigen Möglichkeiten.

Die Bundeswehr suchte 1963 einen Nachfolger für die völlig veraltete Douglas DC-6B, wobei sich rasch vier Flugzeuge für den Ein-

Oben: Der Boeing 707 Tanker-Transporter-Demonstrator wurde auf vielen Luftfahrtausstellungen präsentiert.

Unten: Eine von fünf CC-137C der Canadian Armed Forced.

satz bei der Luftwaffe herauskristallisierten : Canadair CL-44, Lockheed C-141, Douglas DC-8 und Boeing 707. Die Entscheidung für den Kauf von vier Boeing 707-307C im Gesamtwert von DM 170 Millionen fiel 1966. Das erste dieser Flugzeuge traf am 27. September 1968 in Köln-Porz, dem Heimathorst der Flugbereitschaft des Bundesministeriums der Verteidigung, ein. Es folgte eine beispiellose Karriere. Die vier Maschinen absolvierten in 30 unfallfreien Jahren 46.676 Flüge und brachten es dabei auf eine Gesamtflugdauer von 146.435 Stunden. Dabei war der Transport hochgestellter Persönlichkeiten nur ein Mosaikstein im Aufgabenbereich der Flugzeuge. Versorgungsflüge zu den Auslandsbasen der Luftwaffe gehörten ebenso zu den Einsätzen wie eine Vielzahl von humanitären Flügen, die die Flugzeuge mit dem Eisernen Kreuz weltweit bekannt machten.

Ersatzteilprobleme, aber auch die Möglichkeit, drei Airbusse vom Typ A 310 von der Interflug übernehmen zu können, führten zu einer schrittweisen Ablösung der Boeing 707 ab 1996. Der Werdegang der einzelnen Flugzeuge wird im Anhang ausführlich dargestellt, so dass an dieser Stelle auf weitere Ausführungen verzichtet werden kann.

International gesehen hat sich im Laufe der Zeit ein großer Markt für Tanker-, Transporter- und Elektronikausführungen der 707 gebildet. Länder der Dritten Welt haben sich dabei als Sammelbecken für die diversen 707-Varianten erwiesen. Den Anfang dieser Entwicklung markierten die Luftstreitkräfte des Iran, die zwischen 1974 und 1978 drei ehemalige Airliner der Baureihe 707-100 sowie vierzehn brandneue 707-3JC unter dem Stichwort „Peace Station" erwarben, von denen zunächst sechs mit dem Rohrbetankungssystem „Flying Boom" ausgestattet wurden. Diese von der KC-135 übernommene Anlage bedingte die Einrichtung einer „Boom-Operator-Station" unter dem Rumpfheck. Später wurden noch sechs weitere Flugzeuge zu Tankern umgebaut und mit einem zusätzlichen Schlauchsystem im Bereich der Flügelspitzen ausgerüstet. Nachträglich erhielten auch die übrigen Tanker diese Anlage.

Der Ein- oder Anbau verschiedener Betankungssysteme hängt davon ab, welche Flugzeuge versorgt werden sollen. Das Rohrsystem „Flying Boom" wurde von Boeing für den KC-135 Tanker entwickelt, der zur Versorgung der strategischen Bomberflotte vorgesehen war.

Oben: Die Tanker der iranischen Luftstreitkräfte verfügen über zusätzliche Tankstationen an den Tragflächenspitzen.

Unten: Eine australische 707 mit geöffneter Ladeluke. Beachtenswert auch der Tankschlauch, der aus dem Unterflügelbehälter herausgezogen wurde.

Diese Flugzeuge verfügen über Öffnungen auf der Rumpfoberseite, in die das Tankrohr eingeführt wird. Die taktischen Kampfflugzeuge der US Air Force sind jedoch mit einer Tanksonde ausgerüstet und lassen sich nur mit einem Schlauch, an dessen Ende ein Trichter montiert ist, betanken. In den USA behalf man sich mit einem Adapter, der eine Schlauch-Trichter-Kombination mit dem „Flying Boom" verband und eine wahlweises Betanken verschiedener Militärflugzeuge ermöglichte. Andere Nationen, die keine strategischen Bomber besitzen, reichte diese Lösung nicht aus, sie forderten darüber hinaus mindestens zwei Tankstationen am Flugzeug.

Boeing hatte diese Entwicklung frühzeitig erkannt und schickte bereits 1969 einen Erprobungsträger in die Luft, der zeigen sollte, wie einfach der Umbau des Airliners zur „fliegenden Tankstelle" ist.

Die modifizierte 707-385C erhielt zu diesem Zweck an jede Flügelspitze einen von der Firma Beech konstruierten, 5,11 m langen Schlauch-Trichter-Behälter des Typs 1080, der sich insbesondere durch leichte Handhabung beim An- und Abbau auszeichnete.

Der Anschluss der Flügelspitzen-Behälter zog einige Änderungen nach sich. Neben dem Einbau hydraulisch betriebener Kraftstoffpumpen mit einer Förderleistung von 907 kg pro Minute fallen strukturelle Verstärkungen der Flugzeugzelle sowie eine Reduzierung des Fassungsvermögens des Rumpf-Haupttanks auf 27.216 kg ins Gewicht. Außerdem wurden zur Beobachtung der Andock-Manöver links und rechts hinter der Hauptkabine Stationen eingerichtet.

Während des Tankvorganges werden die Schläuche mittels eines Stabilisators nach unten abgewinkelt, so dass die zu betankenden Flugzeuge nicht in die Luftwirbel die von den Tragflächen des Tankers ausgehen geraten. Dadurch, aber auch wegen der großen Trichter an den Schlauchenden, erhöht sich der Frontwiderstand des Flugzeuges um rund 25 %, so dass auch die Reisegeschwindigkeit deutlich reduziert wird.

Als erste fanden die Canadian Armed Forces Gefallen an dem System. 1970 bestellten sie unter der Bezeichnung CC-137C fünf Transporter/Tanker.

Nach der Überwindung einiger Kinderkrankheiten zeigten sich die Kanadier mit

Oben: Mit der Grumman TBM-3W "Avenger" begann in den USA die Entwicklung von Frühwarnflugzeugen.
Foto: Grumman History Center.

Unten: Gegenüber der AEW-Version der "Avenger" bot die Lockheed EC-121 zahlreiche Vorteile.

dem Muster zufrieden. Dies läßt sich auch in Zahlen ausdrücken; so stieg die Einsatzdauer als Tanker in den Jahren 1979 bis 1984 von jährlich 82,4 auf 329 Stunden, also um das Vierfache.

707, die zu Tankern umgerüstet wurden, erhielten zum Teil bei Boeing die Bezeichnung KC-137, wie zum Beispiel vier von den brasilianischen Luftstreitkräften verwendete Flugzeuge. Allerdings gilt dies nicht für alle Umbauten. Ausnahmen bestätigen also auch hier die Regel. Die Spanier fliegen zwei Ex-Airliner ohne diese Kennung, wobei eine 707 als VIP-Transporter und eine als Tanker mit Unterflügelstationen der 45 Grupo der Ejercito del Aire zur Verfügung stehen. Gleiches gilt für vier italienische 707, die als kombinierte Tanker/Transporter bei der 8ø Gruppo des 14ø Stormo Dienst tun.

1990 begann in Australien die Umrüstung von sechs 707-338C zu Tankern mit einer von Flight Refuelling Ltd (FLR) entwickelten Anlage, die einen von Israel Aircraft Industries (IAI) konstruierten Schlauch verwendet.

IAI ist auch für den Umbau einer 707 für die Luftstreitkräfte Venezuelas verantwortlich. Ein weiteres israelisches Unternehmen, die Israel Elta Electronics, befasste sich 1993 mit der Modifizierung einer Maschine für die Aufgabenstellung Frühwarnflugzeug. Die für Chile bestimmte 707 erhielt einen neuen Rumpfbug, Antennen an den Rumpfseiten und eine Radarkuppel unter dem Heck.

IAI und Elta sind jedoch nicht die einzigen israelischen Firmen die sich mit der 707 beschäftigen. Bedek Aviation Israel zeichnete – so wird vermutet – für den Umbau einiger 707 der South African Air Force verantwortlich. Die Flugzeuge erfüllen nicht nur die Tankerrolle, sondern fungieren auch als Sigint-Maschinen, wobei das Kürzel für Signal-Intelligence steht. Hinweise auf die Spezialfunktion geben unter anderem diverse Verkleidungen auf dem Rumpf und den Rumpfseiten.

Es liegt in der Natur der Sache, dass die Betreiber der verschiedenen elektronischen Spezialausführungen nur wenig geneigt sind, Details über die Ausrüstung ihrer 707 bekannt zu geben.

Israels Streitkräfte selbst fliegen derzeit sechs 707-320 für elektronische Kampfeinsätze. Die Flugzeuge sind in etwa der RC-135U der USAF vergleichbar. Darüber hinaus befinden sich noch fünf Tanker und weitere Flugzeuge als Transporter im Einsatz.

Auch Israels einstiger Gegner, die Ägypter, entschieden sich für die 707, allerdings übernehmen die drei 707-366C nur VIP-Aufgaben. Derzeit ist nicht abzusehen, wann der letzte Umbau einer 707 zum kombinierten Tanker-Transport-Flugzeug erfolgt.

Von der technischen Seite gesehen sind die AWACS-Varianten des Airliners sicher interessanter. Hinter dem Kürzel verbirgt sich die Bezeichnung „Airborne Warning and Control System".

Bevor näher darauf eingegangen wird, soll ein kurzer Rückblick auf die Entwicklung dieser außergewöhnlichen Flugzeuggattung in den USA erfolgen und auf das Thema einstimmen.

Der Angriff auf Pearl Harbor und die großen Seeschlachten des Zweiten Weltkrieges hatten die Gefahren, die von überraschenden Luftangriffen ausgingen, deutlich aufgezeigt. So war es nur verständlich, wenn man nach Möglichkeiten suchte, solche Attacken frühzeitig zu erkennen und zu verhindern.

Unter dem Kodenamen „Project Cadillac" begann das „Radiation Laboratory of the Massachussetts Institute of Technology" Anfang 1944 mit der Entwicklung eines luftgestützten Radar-Systems zur Frühwarnung. Um rasch zu Ergebnissen zu gelangen, wurde der Einfachheit halber das ebenfalls luftgestützte

Die EC-121L verfügte bereits über einen tellerförmigen Radom; sie blieb letztlich nur ein Einzelstück.

Schiffs-Suchradar AN/APS-20 für den neuen Zweck adaptiert und in einem großen Radom unter dem Rumpf eines einmotorigen Torpedobombers vom Typ Grumman TBM „Avenger" eingebaut. Je nach Flughöhe der „Avengers" ließen sich niedrig fliegende Verbände bereits in einer Entfernung von rund 160 km ausmachen. Mittels einer Datenübertragungsanlage konnte das Radar-Bild direkt an die Kommandozentrale der Schiffe weitergeleitet werden, so dass man hier über die Feindlage informiert war und Gegenmaßnahmen einleiten konnte.

Mit dem Ende des Zweiten Weltkrieges gab es einen vorübergehenden Stillstand bei der Entwicklung neuer Waffen und Systeme und auch das AEW-Flugzeug (AEW für Airborne Early Warning) war davon betroffen. Bis die US Air Force den Gedanken aufgriff, sollte noch einige Zeit vergehen. Erst am 9. Juni 1949 startete unter der Kennung PO-1W (später WV-1) ein Versuchsträger. Es handelte sich dabei um eine Lockheed „Constellation", die je eine Radarkuppel auf dem Rumpfrücken und unter dem Rumpf besaß. Später folgten weitere Versionen, die auf der „Super Constellation" basierten. All diese Flugzeuge, als PO-2W, WV-2, RC-121 oder EC-121 bezeichnet, besaßen die erwähnten Kuppeln. Eine Ausnahme bildete lediglich die am 8. August 1956 eingeflogene WV-2E (EC-121L), die über eine tellerartige Radarverkleidung für das AN/APS-82 Radar verfügte, welche wesentliche aerodynamische Vorteile versprach.

Dabei mag eine Frühwarnversion des deutschen Strahlflugzeuges Arado Ar 234, die gegen Ende des Zweiten Weltkrieges projektiert, jedoch nicht verwirklicht wurde, Pate gestanden haben.

Überlegungen in Richtung einer ähnlichen Radarkuppel hatte man auch bei Grumman angestellt. Am 17. Dezember 1956 hob der erste Prototyp des Frühwarnflugzeuges E-1B erstmals vom Boden ab. Das Radargerät befand sich auch hier in einer großen Verkleidung auf dem Rumpfrücken, der Grundriss war jedoch oval. Mit der E-2 „Hawkeye" des Jahres 1960 brachte Grumman dann ein wei-

Oben: Die Konzeption der Grumman E-2C "Hawkeye" wies den richtigen Weg zum erfolgreichen Frühwarnflugzeug.

Unten: Das erste von zwei EC-137D Versuchsmustern.

teres trägergestütztes Frühwarnflugzeug heraus, dessen sehr flacher, kreisrunder Radom nicht nur auf der Rumpfoberseite angeordnet ist, sondern der sich sechsmal pro Minute dreht, so dass ein Rund-um-Blick möglich ist.

Die US Air Force setzte zunächst weiter auf die alte Technologie, wobei sie ihre als „Warning Star" bezeichneten „Super Connies" ab Frühjahr zur Überwachung des Luftraumes nach Südostasien verlegte. Hier bewährten sich die Flugzeuge sehr gut. Neben den Kontrollaufgaben dienten die Maschinen auch zur Führung eigener Flugzeuge bei Abwehr-, Angriffs- und Rettungsmissionen, darüber hinaus fungierten sie noch als „fliegende Relay-Stationen".

Naturgemäß war die Wahl eines geeigneten Nachfolgers für die in die Jahre gekommenen Propeller-Maschinen nur eine Frage der Zeit. Nach umfangreichen Voruntersuchungen und diversen Studien entschied sich die US Air Force für die bewährte Boeing 707 und gegen die DC-8, die ebenfalls zur Diskussion stand.

Unabhängig vom Trägerflugzeug hatte man bei Hughes und Westinghouse mit der Entwicklung eines neuen, leistungsstarken Radargerätes begonnen. Auslöser für die Arbeiten war eine US Air Force Ausschreibung aus dem Jahre 1963, mit welcher ein luftgestütztes Radar gefordert wurde, das insbesondere sehr tief fliegende Flugzeuge und Lenkwaffen aufspüren und verfolgen konnte.

Die Aufgabenstellung war nicht ohne weiteres lösbar, da die auf dem Boden auftretenden Radarstrahlen zum größten Teil reflektiert werden, so dass es schwierig ist, Zielobjekte aus dem Radarbild herauszufiltern.

Mit dem System des Puls-Doppler-Radar ließen sich die Störfaktoren weitgehend ausschalten und erhebliche Fortschritte in der Radartechnik erzielen.

Westinghouse bot ein Doppler-Radar mit hoher Frequenz und Hughes eines mit mittlerer Frequenz an.

Am 23. Juli 1970 beauftragte die US Air Force die Firma Boeing mit dem Bau von 42 AWACS-

Eine E-3 „AWACS" kurz nach dem Start. Das Fahrwerk ist noch nicht vollständig eingefahren.

Flugzeugen auf Basis der Boeing 707-320. Die Programmkosten beliefen sich auf 2700 Millionen US-Dollar, davon entfielen rund 880 Millionen auf die Versuchs- und Entwicklungsphase. Später wurde der Auftrag aus Kostengründen auf 34 Maschinen beschnitten.

Zunächst fertigte Boeing zwei Versuchsträger unter der Bezeichnung EC-137D. Das erste Exemplar startete am 9. Februar 1972 zum Erstflug und schon bald konnte auch das zweite Flugzeug in die Erprobung gehen.

Während die eine Maschine das Westinghouse AN/APY-1 trug, war das andere mit einer von Hughes entwickelten Anlage ausgerüstet.

Die Radargeräte befanden sich in einer flachen, kreisrunden Radarkuppel mit einem Durchmesser von 9,14 m. Die rund 5500 kg schwere Anlage ruhte auf einem Drehteller, dessen Durchmesser 2,14 m betrug, knapp 1100 kg wog und mit zwei massiven Streben zum Rumpf hin verbunden war.

Neben dem eigentlichen Radargerät dient das Radom auch zur Aufnahme von Freund-Feind-Kenngeräten und weiteren Teilen der Avionik. Beim Betrieb der Anlage dreht sich der Radar-Teller sechsmal pro Minute, ansonsten einmal in vier Minuten.

In der Hauptkabine waren Arbeitsplätze für 13 Spezialisten eingerichtet. Außerdem nahmen die Unterflurfrachträume zahlreiche zusätzliche Geräte auf.

Die Handhabung der erheblich abgeänderten Flugzeuge bereitete keine Schwierigkeiten, so dass es in erster Linie darum ging, das geeignetste Radargerät auszuwählen. Die Versuchsphase erstreckte sich vom 14. März bis zum 31. August 1972; dabei wurden die beiden Anlagen insgesamt 625 Stunden erprobt, dann stand Westinghouse als Sieger fest. Die Radaranlage AN/APY-1 entsprach mit einer 7,32 m breiten und 1,52 m hohen Antenne allen Ansprüchen.

Es folgten zunächst weitere Versuche und Demonstrationsflüge, bei denen die „siegreiche" EC-137D in der Zeit vom 10. bis 30. April 1973 in Ramstein Station machte, um hier der NATO vorgestellt zu werden.

Boeing und die US Air Force betrachteten die EC-137D als reine Versuchsträger. Die geplante Serienausführung E-3A sollte sich vor allem durch den Einbau von acht General Electric TF34-GE-100 Triebwerken, die man paarweise in Gondeln zusammenfassen wollte, von den Vorgängern unterscheiden. Aus Kostengründen kam es jedoch nicht dazu, vielmehr sah die US Air Force nun die Ausstattung mit vier Pratt & Whitney TF33-PW-100 mit einer Leistung von 9513 kp (93,4 kN) vor. So war es möglich, die beiden Prototypen mit wenig Aufwand zu E-3A Serienmaschinen umzurüsten und erhebliche Mittel einzusparen.

Die Fertigung der sehr komplexen und hochempfindlichen Radaranlage konnte mit der Zellen-Fertigung nicht Schritt halten, so dass die ersten Serienflugzeuge, die den Beinamen „Sentry" (Grenzwächter) tragen, erst ab dem 24. März 1977 an die US Air Force geliefert werden konnten. Zuvor hatten vier Flugzeuge im Rahmen eines „Full Scale Development Programme", das rund 1800 Flugstunden umfasste, die Gesamterprobung des Flugzeuges und seiner Ausrüstung zum Abschluss gebracht.

Einziger US-Einsatzverband der E-3 ist die 522nd AWAC Wing, die auf der Tinker Air Force Base in Oklahoma beheimatet ist und aus mehreren Squadrons, darunter das 966th AWAC Training Squadron, besteht. Die Einheit operiert im Bedarfsfall weltweit, wobei Absprungbasen in Alaska, Island und Okinawa bevorzugt werden.

Nach der Ablieferung von 25 E-3A – der sogenannten Core E-3A – an die USAF, begann 1984 die Umrüstung dieser Flugzeuge zum Modell E-3B. In dieser Form verfügt die „Sentry" über Außenstationen, an denen Störgeräte mitgeführt werden können, zusätzliche Funkgeräte, einen verbesserten Schutz gegen elektronische Störmaßnahmen, einfache Marineüberwachungsgeräte und dem JTIDS-System (Joint Tactical Distribution System/Gemeinsames taktisches Informations- und Verteilungssystem). Insgesamt gesehen besitzt die „Sentry" ein ganzes Bündel von elektronischen Geräten.

Wenngleich der bekannte Luftfahrt-Autor Hanfried Schliephake in einem Brief an den Autor so treffend bemerkte „die Avionik eines Flugzeuges wird für Außenstehende stets ein Buch mit sieben Siegeln bleiben" sollen doch die wichtigsten Geräte der E-3 aufgezählt werden. Im einzelnen handelt es sich neben dem AN/APY-1 Suchradar um:

- den IBM 4 Pi CC Hochgeschwindigkeits-Rechner, der später durch das leistungsstärkere Modell CC-2 mit einer Speicherkapazität von mehr als 665000 Worten ersetzt wurde.
- das Trägheitsnavigationssystem Delco AN/ASN-119 Carousel IV in zweifacher Ausführung.
- das Northrop AN/ARN-120 Omega, das das Trägheitsnavigationssystem mit Daten versorgt.
- das Sensorsystem Teledyne Ryan AN-APN-213, das Daten über Geschwindigkeiten und Abdrift liefert.
- das Freund-Feind-Kenngerät Eaton AN/APX-103, dessen Arbeitsbereich auf die Flugverkehrskontrolle ausgeweitet wurde.

Des weiteren gehören zahlreiche Funkgeräte für Sendung und Empfang zur Ausrüstung, wobei HF-, UHF- und VHF-Kanäle zur Verfügung stehen. Wahlweise kann die Übertragung in Sprache oder in digitalisierter Form erfolgen.

Innerhalb des Flugzeuges sind Arbeitsplätze eingerichtet, deren Kernstück aus einem von Hazeltine entwickelten, sockelmontierten, hochauflösenden Farbdisplay besteht. Die Baureihe E-3B verfügt über 14 solcher Plätze. Darüber hinaus stehen noch zwei Ersatzplätze bereit.

Die hochentwickelte Avionik der „Sentry" bedarf einer zusätzlichen Kühlung. So wird das große Suchradar flüssigkeitsgekühlt, während zusätzliche Luftkreisläufe für die erforderliche Temperatur im Rumpf des Flugzeuges sorgen.

Die restlichen für die US Air Force bestimmten Flugzeuge wurden ab 1981 abgeliefert. Obwohl ihre Ausrüstung der B-Version entspricht, tragen sie die Bezeichnung E-3A oder auch Standard E-3A.

Um die Verwirrung bezüglich der Typenbezeichnung weiter auszudehnen, brachte man schließlich noch die Kennung E-3C heraus. Es handelt sich hierbei um neun Standard E-3A, die dem Ausrüstungsstand der für die NATO bestimmten „Sentries" angepasst wurden.

Nach vielen Diskussionen und dem Einspruch Großbritanniens, das die „Nimrod" als Frühwarnflugzeug der NATO vorschlug, fiel die Entscheidung für die E-3, von welcher 18 Exemplare bestellt wurden, im Dezember 1978. Das erste Flugzeug absolvierte am

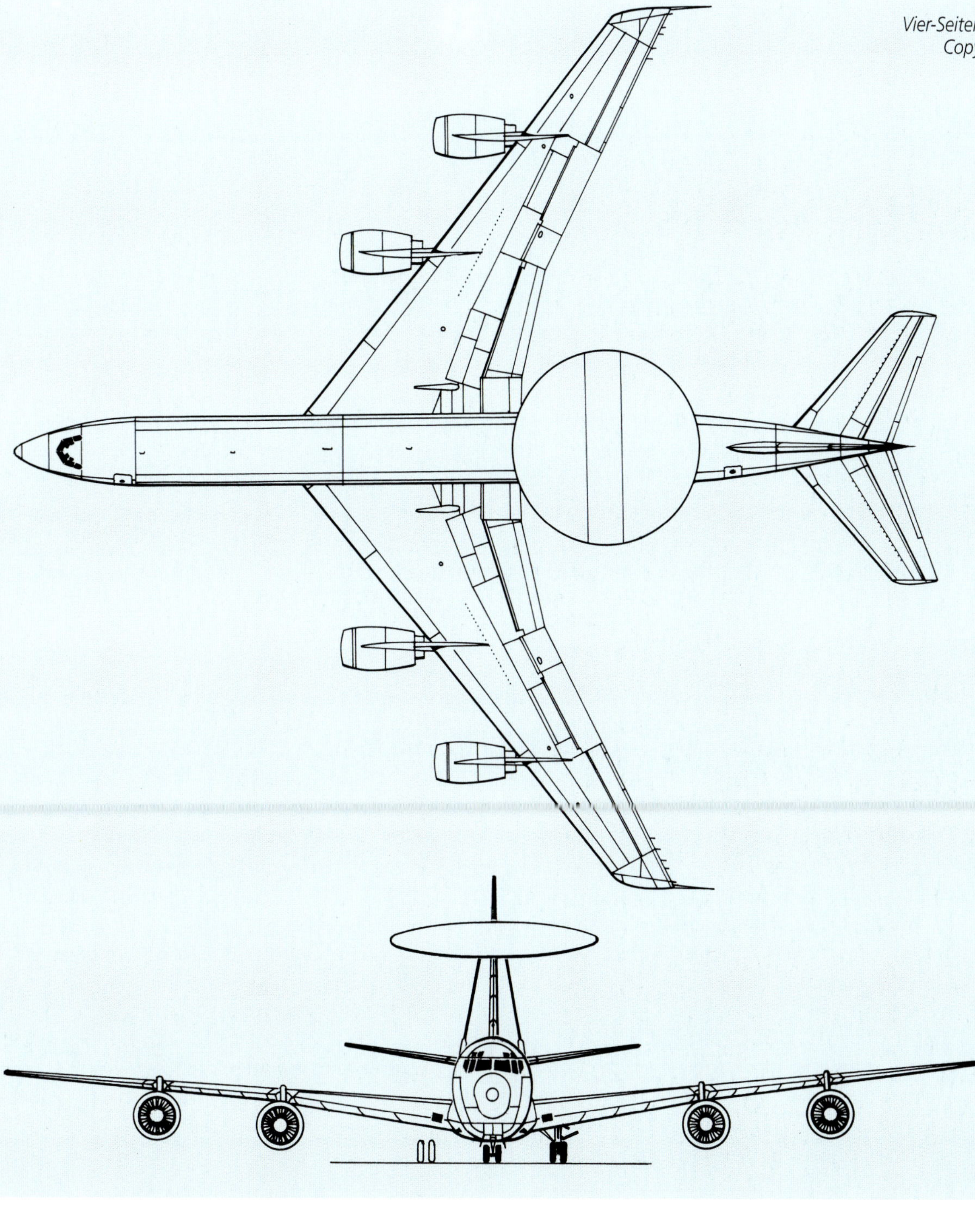

Vier-Seiten-Zeichnung der E-3.
Copyright Ralf Swoboda.

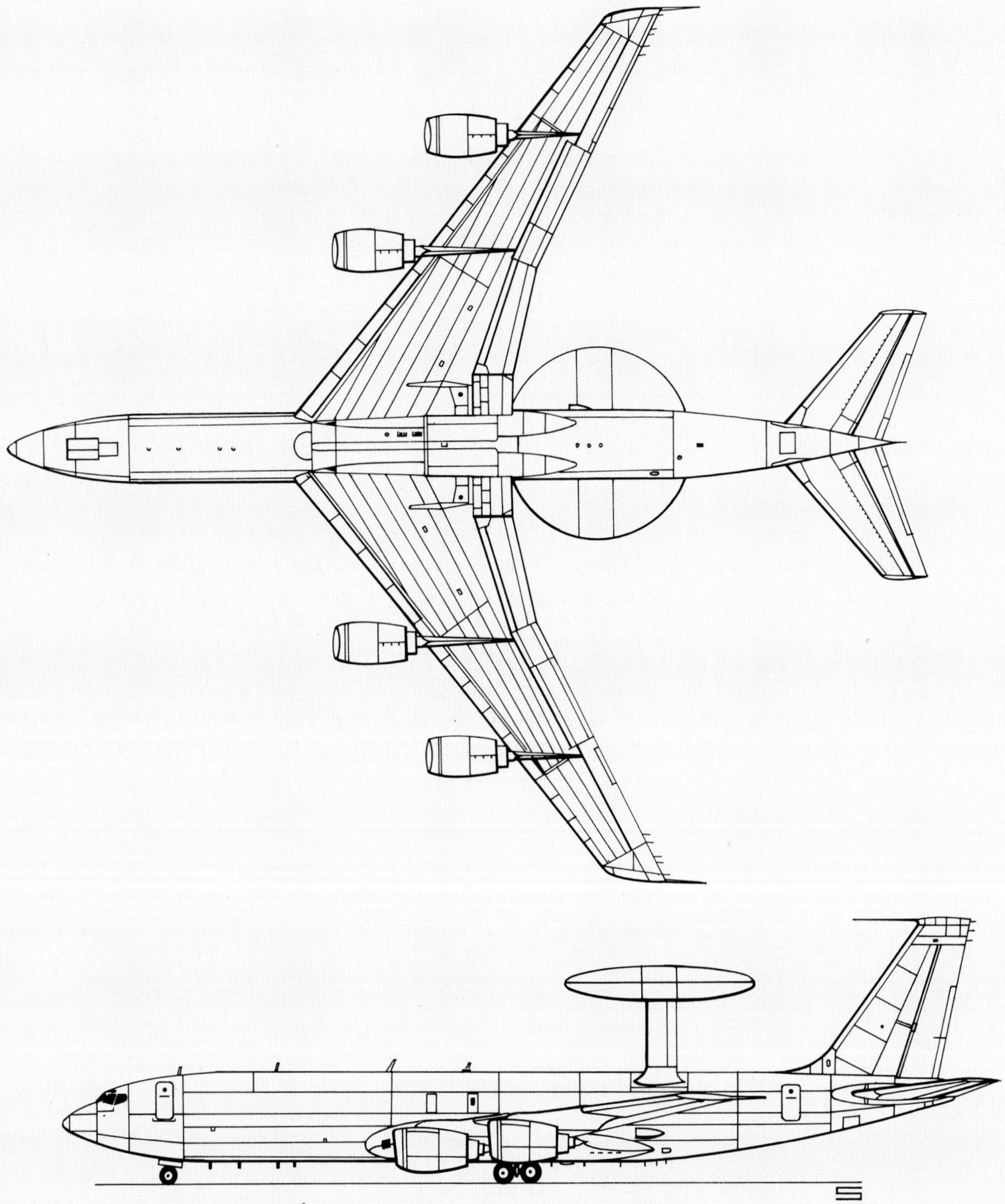

18. Dezember 1980 seinen Erstflug von Renton aus. Es wurde am 19. März 1981 an Dornier geliefert und hier mit der von der NATO gewünschten Avionik ausgerüstet, die unter anderem zusätzliche Geräte beinhaltet. Außerdem gelangte das verbesserte Suchradar AN/APY-2 von Westinghouse zum Einbau.

Die Übergabe des ersten Flugzeuges an den in Geilenkirchen stationierten NATO-Verband erfolgte am 22. Januar 1982. Drei Jahre später, am 25. April 1985, war die Ablieferung sämtlicher Flugzeuge abgeschlossen.

Bei Boeing war man von vornherein bemüht, das AWACS-Flugzeug in das Ausland zu verkaufen. Der Iran trat als erster potentieller Kunde auf. Der Sturz des Schahs führte jedoch zu einem Abbruch der Verhandlungen. Mehr Erfolg hatte das Unternehmen in Saudi-Arabien. Zwölf Flugzeuge, aufgeteilt in sechs AWACS-Maschinen und sechs KE-3A Tankerflugzeuge, wurden im Oktober 1981 bestellt. Später änderte man den Auftrag, er lautete nun über fünf AWACS-, drei Tanker- und zwei ELINT-Flugzeuge. Die Saudis erhielten ihre Flugzeuge – die über CFM-56 Triebwerke der 10-Tonnen-Schubklasse verfügen – in den Jahren 1986/87. Während des Golf-Krieges übernahmen die „Sentries" zusammen mit fünf AWACS-Maschinen der US Air Force eine entscheidende Rolle bei der Erringung der Luftherrschaft über die gesamte Region.

Normalerweise operieren die AWACS-Flugzeuge in einer Höhe von 8500 bis 9200 m. Die durchschnittliche Einsatzdauer beträgt bei einer Marschgeschwindigkeit von 740 km/h rund 10 Stunden. Durch Luftbetankung läßt sich die Flugzeit im Bedarfsfall beträchtlich steigern. Der stark belasteten Besatzung stehen aus diesem Grunde Ruheräume sowie eine Bordküche und eine Toilette zur Verfügung.

E-3 „AWACS" im Dienst der NATO.

Unter Berücksichtigung der genannten Flughöhe beträgt die Reichweite des Suchradars rund 430 km. Dabei sind folgende Betriebsarten möglich:

PDNES (Pulse Doppler Non-Elevation Scan)
Der Impuls-Dopplerbetrieb ohne Höhenabtastung gestattet die Erfassung von Flugzeugen und Lenkwaffen von der Flughöhe der E-3 bis zum Erdboden hinunter.

PDES (Pulse Doppler Elevation Scan)
Der Impuls-Dopplerbetrieb mit Höhenabtastung entspricht dem PDNES, jedoch werden auch Flugzeuge und Lenkwaffen, deren Flughöhe über der der AWACS-Maschine liegen, erfasst.

Beyond-The-Horizon (BTH)
Bei dieser Betriebsart wird auf den Doppler-Effekt verzichtet, um so eine große Reichweite zu erzielen, so dass auch Objekte hinter dem Horizont erfasst werden können.

Maritime
Bei der Seeüberwachung führt der Seegang zu unerwünschten Echos. Daher verwendet diese Betriebsart eine sehr kleine Impulsdauer. Außerdem sorgt ein Digitalprozessor für die automatische Anpassung des Systems bei geändertem Seegang und blendet Bodenechos anhand gespeicherter Landkarten vollständig aus.

Interleaved
Hierbei handelt es sich um die Kombination von BTH und PDES, wobei sich die Betriebsarten ständig abwechseln, da das AN/APY-1 bzw. APY-2 nur in einer Betriebsart arbeiten kann.

Passive
Im Falle starker gegnerischer Störmaßnahmen können die aktiven Betriebsarten des Suchradars ausgeschaltet werden, jedoch erfolgt die Verarbeitung und Erfassung aller einlaufenden Signale.

Stimmungsvolle Aufnahme einer E-3 über schneebedeckten Gipfeln.

Die Europäer, deren AWACS-Flugzeuge luxemburgische Kennzeichen tragen, setzten ihre E-3-Flotte zur Überwachung des östlichen Luftraumes einschließlich der Ostsee ein. Durch die politischen Veränderungen wurde dem „Blick hinter den Eisernen Vorhang" zum Teil die Grundlage entzogen. Dafür ergab sich aus dem Jugoslawien-Konflikt heraus ein neues Einsatzgebiet für die Maschinen.

Die NATO-AWACS-Flugzeuge, die von Italien aus operierten, wurden dabei durch Frühwarnflugzeuge der Royal Air Force unterstützt. Nachdem der Plan, eine AWACS-Version der „Nimrod" in Dienst zu stellen aus verschiedenen Gründen scheiterte, entschlossen sich die Briten im Februar 1987 zum Kauf von sieben „Sentrys", die als E-3D geführt werden.

Der zweieinhalbstündige Erstflug dieser Variante erfolgte am 5. Januar 1990. Es schloss sich eine dreimonatige Testphase an. Neben CFM-56-Triebwerken verfügt das Modell über eine Betankungssonde auf der Rumpfoberseite sowie Flügelspitzenbehälter für ESM-Geräte (Electronic Support Measures). Ferner wurden „Have Quick" UHF-Funkgeräte mit wechselnden Frequenzen eingebaut. Ansonsten entsprechen die Flugzeuge dem NATO-Standard.

Von den sieben RAF Flugzeugen ist eines derzeit eingemottet, während die anderen beim 8 Squadron, Waddington, Lincs, in Dienst stehen und die britische Bezeichnung „Sentry" AEW.1 tragen.

Als letzte Nation erhielt Frankreich vier E-3F. Das erste Exemplar dieser Baureihe hob am 27. Juni 1990 erstmals vom Boden ab. Heute ist das 36ø Escadre de Detection Aeroportee (EDA 36) mit dem Muster ausgerüstet, das einschließlich der Triebwerke weitgehend der E-3D entspricht.

1992 zeigten die Japaner Interesse am Erwerb von vier „Sentry". Da die Produktionslinie des Flugzeuges jedoch im Mai 1991 nach dem Bau von 1010 Flugzeugen – davon 878 für zivile Betreiber – geschlossen worden war, hätte sich eine Wiedereröffnung nur bei einem wesentlich größeren Auftrag gelohnt, so dass es bei der Absicht blieb.

Die enormen Fortschritte im Bereich der Elektronik machen sich vor allem im Bereich der Militärfliegerei bemerkbar und so verwundert es nicht, dass die E-3 ständig den neuen Gegebenheiten angepasst wird.

Die britischen Flugzeuge wurden beispielsweise gegen elektronische Störmaßnahmen resistenter gemacht. Westinghouse gelang es außerdem im Rahmen eines „Radar System Improvment Programm" das AN/APY-2 so zu verbessern, dass Ziele, die zehnmal kleiner sind als bisher, erfaßt werden können.

Die US Air Force und die NATO planten ebenfalls Änderungen ihrer AWACS-Maschinen durch den Einbau einer ESM-Ausrüstung. Sechs Flugzeuge wurden bei Boeing modifiziert, während die DASA ab 1996 17 Maschinen umrüstete.

Auch Saudi-Arabien denkt an ein Programm zur Leistungssteigerung. Für 600 Millionen US-Doller plant man Verbesserungen im Bereich der Triebwerke, der Navigation, des Selbstschutzes und der Kommunikation mit den E-3-Flugzeugen der US Air Force.

Relativ wenig von der Öffentlichkeit beachtet, konnten sich neben der AWACS-Version der Boeing 707 weitere Sondervarianten des Musters etablieren.

Oben: E-3D der Royal Air Force.

Unten: Bei dieser für die französischen Luftstreitkräfte bestimmten E-3F fehlt der tellerförmige Radom

Hier ist zunächst die C-18A zu erwähnen. Anfang der siebziger Jahre erwarb das Air Force System Command (ASC) acht 707-323C von American Airlines, um sie als Crew-Trainer einzusetzen. Anfang 1985 wurden dann vier dieser Flugzeuge für eine neue Aufgabe adaptiert. Seit 1967 flogen acht Spezialflugzeuge vom Typ EC-135N als fliegende Funkverbindungsstationen im Rahmen des „Apollo"-Raumfahrtprogramms unter dem Kürzel ARIA, das für „Apollo Range Instrumented Aircraft" stand. Diese Flugzeuge waren Mitte der Achtziger verbraucht, so dass ein Nachfolger gesucht wurde, der die Verbindung zwi-

Die E-8 wurde während des "Golf"-Krieges erfolgreich eingesetzt, so daß das Konzept des J-STARS-Flugzeuges weiterverfolgt wird.

schen der neuen Generation von US-Raumfahrzeugen herstellte. Die Wahl fiel auf die C-18, die eine riesige Antenne in einem überdimensionierten Radom und die Kennung EC-18B ARIA erhielt, wobei die Abkürzung nun für „Advanced Range Instrumented Aircraft" steht.

Die erste von vier umgebauten EC-18B startete am 27. Februar 1985 zum Erstflug. Je nach Einsatz ist eine 16 bis 24 köpfige Besatzung an Bord, die über Arbeitskonsolen nach Art der AWACS-Flugzeuge verfügt.

Mittlerweile haben sämtliche EC-18B ein System zum Aufspüren von Lenkwaffen in Testgebieten erhalten, das die Bezeichnung „Sonobouy Missile Impact Location System" (SMILS) trägt.

Eine weitere Spezialvariante, die aus dem Umbau von zwei Verkehrsflugzeugen entstand, stellt die EC-18D dar, die für verschiedene Cruise Missle Programme Verwendung fand.

Die mit ballistischen Fernraketen bestückten Atom-U-Boote der USA erreichen ungewöhnliche Tiefe. Um auch hier Kontakt mit den Booten halten zu können, bedarf es einer „fliegenden Funkstation", die in Form der Lockheed EC-130Q „Hercules" existierte.

Am 29. April 1983 wurde Boeing beauftragt, ein neues Flugzeug für die Aufgabe, die bei der Navy „Take Charge and Move Out" (TACAMO) lautet, zu entwickeln.

Es entstand die E-6 „Hermes", die zellenseitg auf der E-3 „Sentry" basiert und über F108-CF-100 (Militärversion des CFM56-2A-2) Triebwerke mit einer Schubleistung von je 106,76 kN verfügt. Neue Flügelspitzen ließen die Spannweite von 44,42 m auf 45,16 m ansteigen, gleichzeitig erhöhte sich die Flügelfläche von 279,63 m^2 auf 283,35 m^2. Das mit einer Nachbetankungsanlage ausgestattete Flugzeug weist eine Reichweite von 11.760 km auf. Es bleibt im Normalfall 10 Stunden und 30 Minuten in der Luft. Diese Einsatzdauer läßt sich durch Luftbetankung erheblich verlängern und zwar auf bis zu 72 Stunden!

Nach dem Roll-out des ersten Flugzeuges aus der Werkhalle in Renton im Dezember 1986 schloss sich ab dem 19. Februar 1987 die Flugerprobung an, die ohne große Probleme ablief. Dennoch sollte es bis zum 2. August 1989 dauern, bis die beiden ersten E-6A an die Navy geliefert werden konnten. Auf Wunsch der Besatzungen wurde der Name „Hermes" durch „Mercury" ersetzt.

Inzwischen ist die Fertigung des Muster nach insgesamt 16 Exemplaren beendet.

Die „Mercury" ist mit modernster Elektronik ausgerüstet, die durch verschiedene Maßnahmen so abgesichert ist, dass eine Störung durch gegnerische Elektronik praktisch ausgeschlossen ist. Den Kern der Kommunikationsanlage bildet das VFL-Funksystem, das über zwei Schleppantennen von 7.925 m und 1.220 m Länge verfügt, wobei die knapp 8 km lange Antenne über einen 41 kg schweren Trichter aus dem Flugzeug gezogen und stabilisiert wird. Nach dem Ausfahren der Antenne geht die „Mercury" in einen engen Kurvenflug, so dass ein Teil der Antenne einen Kreis beschreibt, während der andere senkrecht nach unten weist. Die 1.220 m Antenne dient im übrigen als Dipol.

Zwei Einheiten, die VQ-3 „Iron Men" und die VQ-4 „Shadows", sind mit der E-6 ausgerüstet. Während VQ-3 an der Westküste der USA stationiert ist, ist die VQ-4 an der Ostküste untergebracht.

Mir dem Ende des „Kalten Krieges" entspannte sich die Situation im Bereich der ständigen Bereitschaft. Die „Mercury"-Flugzeuge konnten nun weitere Aufgaben übernehmen, das heißt, dass sie auch als „fliegende Kommandostation" fungieren und die EC-135 der USAF ablösen. Dazu war der Einbau weiterer Geräte erforderlich. Die abgeänderten Flugzeuge tragen die Kennung E-6B, sie sind an einer langgestreckten Verkleidung auf der Rumpfoberseite erkennbar.

Seit der Indienststellung des Musters wurden einige Modifizierungen durchgeführt, so gelangte u.a. ein neuer Heckkonus zum Einbau. Weitere Änderungen betrafen den Autopiloten sowie den Einbau des „Orbit Improvement System" (OIS), dass das Schwingen der langen Antenne unter Windeinfluss (Jo-Jo-Effekt) verhindern soll. Dies geschieht durch ein Computerprogramm, das auf den Triebwerkschub einwirkt und noch engere Kurvenflüge erlaubt. Weitere Verbesserungen im Bereich der Elektronik sind für das Jahr 2000 geplant.

Der Einsatz der „Mercury" stellt höchste Ansprüche an die 18köpfige Besatzung (einschließlich Reservecrew). Aus diesem Grund wurde mit der TF-18F ein eigenständiges Trainingsflugzeug für das Muster geschaffen, das aus dem Umbau von zwei Boeing 707 entstanden ist.

Wie die verschiedenen kriegerischen Auseinandersetzungen der letzten Jahrzehnte zeigten, ist die Gefechtsfeld-Aufklärung von ausschlaggebender Bedeutung. 1985 erwarb die US Air Force zwei 707-323C von zivilen Carriern, um sie für die Rolle einer „fliegenden Radarstation" im Rahmen des J-STARS bzw. JointStar Programms (Joint Surveillance Target Attack Radar System) umzurüsten und als E-8 in den Einsatz zu nehmen. Charakteristisch für dieses Modell ist die wannenförmige Verkleidung unter dem Rumpf, die ein besonders leistungsstarkes, von der Firma Norden entwickeltes „Seitenblick-Radar" aufnimmt. Das System ist in der Lage, kleinste Objekte bis zu einer Entfernung von rund 260 km zu erfassen und zu verfolgen, so kann das Radar neben der Überwachung größerer Geländeabschnitte einzelne Ziele herausfiltern und analysieren.

Von Anfang an war geplant, keine neuen Flugzeuge zu bauen, sondern ausgediente Airliner für die Aufgabe zu übernehmen. Die Umrüstung der Jets wurde der Grumman Melbourne Systems übertragen, die im Herbst 1988 die beiden ersten Maschinen (Zivil-Registrierung N770JS und N8411) fertigstellen konnte. Der erste der zwei E-8A-Prototypen startete am 22. Dezember des Jahres zum Jungfernflug. Dann stagnierte aus finanziellen Gründen das Programm. Dies führte unter anderem dazu, den Bau einer E-8B-Version aufzugeben. Lediglich ein YE-8B Erprobungsträger mit F108 Turbofan Triebwerken konnte gefertigt werden.

Die Entwicklung des J-STARS bekam durch den Golf-Krieg unerwarteten Auftrieb. Die beiden E-8A flogen mit einem „Mix" aus Grumman und US Air Force Personal 49 Kampfeinsätze und bewährten sich dabei so hervorragend, dass Grumman einen Auftrag über 415 Millionen US-Dollar für die Umrüstung von fünf Flugzeugen zu E-8C erhielt. Insgesamt sollen in den nächsten Jahren einschließlich der beiden E-8A zwanzig Flugzeuge für die J-STARS Rolle adaptiert werden. Wesentliche Unterschiede zwischen den einzelnen Varianten ergeben sich in der Avionik und in der Zahl der konsolenartigen Arbeitsplätze, die von anfänglich zehn (E-8A) auf nun mehr 18 (E-8C) angestiegen ist.

Grumman war bestrebt, die J-STARS auch bei der NATO unterzubringen. Hier war man jedoch nicht bereit, das Flugzeug zu übernehmen. Gegenwärtig ist in Europa daran gedacht, den Airbus für die Aufgabe „Gefechtsfeld-Aufklärung" zu adaptieren, wobei Grumman gute Chancen hat, als Ausrüster die entsprechenden Geräte und Systeme zu liefern.

63918
NAVY

Die E-6 "Mercury" hält Kontakt zu den Atom-U-Booten der US Navy.

7 *Vom Flugwerk zum Antrieb*
Technik und Konstruktion der 707

Am Beispiel der Baureihe 707-300 soll die Technik und Konstruktion der 707 vorgestellt werden.

Das Flugzeug entspricht als vierstrahliger, gepfeilter Tiefdecker mit gondelmontierten Triebwerken der klassischen Jet-Airliner-Bauweise, wie sie bereits in Gestalt der Boeing 367-80 verwirklicht wurde und bis heute Gültigkeit besitzt.

Der Tragflügel weist eine Vorderkantenpfeilung von 35 Grad[1] auf, die einen guten Kompromiss zwischen dem Erreichen hoher Reise- und geringer Landegeschwindigkeit darstellt.

Betrachtet man die 707 direkt von vorne, so fällt die V-Stellung der Tragflächen auf. Sie liegt mit 7 Grad deutlich über der vergleichbarer Entwürfe. Der Einstellwinkel von 2 Grad ist hingegen als üblich anzusehen.

Bleiben wir zunächst weiter beim zweiholmigen Ganzmetall-Tragwerk, das nach dem „fail-safe"-Prinzip konstruiert ist und den gesamten Kraftstoffvorrat in vier Haupt-, zwei Reserve- und einem Zentraltank aufnimmt, wobei die Betankung wahlweise über Druck- oder Schwerkrafteinfüllstutzen erfolgen kann. Ebenso unterschiedlich wie die Kraftstoffaufnahme ist auch das Fassungsvermögen der Treibstoffbehälter, das bei der Basisversion 88947 l beträgt, während die Baureihe 300B bis zu 90299 l mitführen kann und die Version 300C sogar über maximal 94083 l verfügt.

Die Form der Tragflächen wird bei diesem Bild einer 707-323B besonders hervorgehoben.

Bei Störfällen gestattet ein Leitungsnetz jedes Triebwerk aus einem beliebigen Tank zu versorgen.

Da das zulässige Landegewicht das maximale Startgewicht des Flugzeuges deutlich übersteigt, ist die 707 mit einem Kraftstoffschnellablass ausgestattet, der es ermöglicht, rund 2000 Liter Treibstoff pro Minute ausströmen zu lassen.

Über zwei Drittel der thermisch enteisten Flügelvorderkante erstrecken sich Krüger-Klappen, die als Auftriebshilfen fungieren und ab einer Landeklappenstellung von mehr als 9'5 Grad automatisch ausfahren. Die Tragflächenhinterkante wird von mehreren Segmenten gebildet. Zunächst sind die unmittel-

[1] Der Pfeilwinkel kann an der Vorderkante, der Hinterkante oder der 25 % Linie gemessen werden. Allgemein geht man bei der Angabe des Pfeilwinkels von der 25 % Linie aus, die auch als t4 Linie bezeichnet wird und auf 25 % der Flügeltiefe verläuft. Die Vorderkantenpfeilung der 707 beträgt im übrigen 37 Grad.

bar zwischen Flügelwurzel und Rumpf angeordneten „fillet-flaps" zu erwähnen, die einen aerodynamischen Übergang vom Rumpf zu den Fowler-Landeklappen bilden. Der inneren Landeklappe schließt sich ein kleines Querruder an. Es folgen eine weitere Fowler-Klappe und das äußere Querruder, das nur in Verbindung mit den Landeklappen aktiviert werden kann. Im Reiseflug übernehmen die Innenquerruder im Zusammenspiel mit vier Störklappen (Spoiler), die paarweise vor den Fowler-Klappen angeordnet sind, die Steuerung um die Längsachse. Wie effektiv die Spoiler sind, zeigt die Rollrate, die beim Einsatz der inneren Querruder 10 Grad pro Sekunde beträgt und die durch die Verwendung der Störklappen auf 30 Grad pro Sekunde ansteigt. Zur Verkürzung der Landerollstrecke, aber auch zur Erhöhung der Sinkgeschwindigkeit, werden die Spoiler ebenfalls herangezogen.

Die Betätigung der Lande- und Störklappen erfolgt hydraulisch, während die Querruder mechanisch angetrieben werden, wobei integrierte Hilfsruder für annehmbare Ruderkräfte sorgen.

Mit den Tragflächenvorderkanten sind die vier Triebwerkträger verbunden, die auch die Turbokompressoren für die Klimaanlage und die Druckkabine beherbergen. Je nach Bauausführung werden zwei, drei oder vier dieser Verdichter benötigt. Anhand der Lufteinläufe- und auslässe in den Pylonen läßt sich die Anzahl der verwendeten Kompressoren unschwer feststellen.

Ebenso wie die Tragflächen ist auch das Leitwerk aus Ganzmetall gefertigt und freitragend. Das Höhenleitwerk, dessen Einstellwinkel mittels eines Elektromotors im Fluge veränderbar ist, verfügt über Höhenruder, die sowohl mit Trimm- als auch mit Hilfsrudern

Oben: Sämtliche Klappen einschließlich der an der Flügelvorderkanten befindlichen Krüger-Klappen sind ausgefahren. Foto: Lufthansa

Unten: Blick auf das komplexe Klappensystem der 707B. Foto: Lufthansa.

Beachtenswert sind die ausgefahrenen Krüger-Klappen und die Wirbelgeneratoren auf dem Tragflügel.

bestückt sind. Während bei den Tragflächen Vortex-Generatoren (kleine Plättchen, die zwischen 10 und 20 Grad gegen die Anströmrichtung angestellt sind) auf der Oberseite angeordnet sind, befinden sie sich beim Höhenleitwerk auf der Unterseite. Zweck dieser Wirbelerzeuger ist es, eine Strömungsablösung zu verhindern.

Zu den Auffälligkeiten des Seitenleitwerkes, das mit einem kraftbetätigten Seitenruder ausgestattet ist, zählt die sondenförmige HF-Antenne, die auch als „Antennen-Dorn" bezeichnet wird.

In die Hinterkante des fast 10 m^2 großen Seitenruders ist darüber hinaus eine Trimmklappe eingelassen. Auf Wunsch kann eine elektrische Enteisungsanlage für die Leitwerksvorderkanten installiert werden.

Anfänglich ging man dazu über, einige 707 mit einer Heckflosse, die zugleich die Funktion eines Stoßfängers übernahm, auszurüsten. Im Zusammenhang mit dem Modell 720 wurde jedoch eine um rund 1,20 m größere Seitenflosse eingeführt, so dass man die Heck-

Die beiden Aufnahmen verdeutlichen die unterschiedlichen Leitwerksausführungen der Baureihe 300 und 400 am Beispiel der D-ABOB und D-ABOV. Fotos: Lufthansa

flosse nicht mehr benötigte. Als Folge wurde die 707-320C ab Werk ohne diese Flosse geliefert. Nachdem ältere 707 im Zuge von Wartungsarbeiten das neue Seitenleitwerk erhielten, geriet auch bei diesen Flugzeugen - allein aus Gründen der Gewichtsersparnis – die Flosse und damit ein Erkennungs - merkmal in Fortfall.

Ein Relikt aus der Zeit der Boeing 377-Fertigung stellt die Rumpfkonstruktion dar, die aus Spanten mit unterschiedlichen Radien besteht, wobei die oberen größer als die unteren sind und sich so die Form einer Acht ergibt. Im Gegensatz zum Modell 377 verdeckt die Außenhaut der 707 dieses Konstruktionsmerkmal und erweckt beim Unkundigen Beobachter den Eindruck eines ovalen Querschnitts.

Der druckbelüftete Rumpf bietet maximal 189 – bei den Versionen 300B und 300C 195 beziehungsweise 215 – Passagieren Platz. Normalerweise werden die Sitze in Reihen zu sechs Plätzen, geteilt durch einen Mittelgang, eingebaut. Der Kabinenzugang erfolgt über zwei an

der linken Rumpfseite angeordnete Türen, wobei eine vorne und eine hinten plaziert ist. Gegenüber den 183 cm x 86 cm großen Eingängen liegen die Servicetüren für die bis zu vier Bordküchen. Im Bereich der Küchen sind auch die je nach Bestuhlung erforderlichen Toiletten – maximal fünf – plaziert.

Zwei Frachträume, die durch den Flügelmittelkasten und die Schächte des Hauptfahrwerkes getrennt werden, befinden sich in der Rumpfunterseite. Sie sind durch Luken zugänglich. Während der vordere Raum über eine Klappe der Größe 127 cm x 122 cm verfügt, erreicht man das hintere Abteil über zwei hintereinander angeordnete Frachttüren mit den Maßen 124 cm x 122 cm und 89 cm x 76 cm. Die Raumgröße beträgt vorne 23,65 m^3 und hinten 24,50 m^3

Von den 45 rechteckigen Kabinenfenstern der Größe 96,5 cm x 50,8 cm auf jeder Rumpfseite sind drei als Notausstiege ausgelegt. Im Bereich der Passagiertüren, die durch kreisrunde Sichtöffnungen gekennzeichnet sind, befinden sich darüber hinaus Notrutschen, die ein rasches Verlassen des Flugzeuges ermöglichen sollen.

Die Cockpit-Verglasung besteht aus sechs Planscheiben, die durch vier Oberlichter – auch „eyebrow-windows" genannt – ergänzt werden.

Die Gestaltung des Flugdecks entspricht der damals herrschenden Auffassung, wonach die fliegerische Besatzung aus vier Personen - Flugzeugführer, Co-Pilot, Navigator und Flugingenieur - bestehen sollte.

Oben: Die Gestaltung und Bestuhlung der Kabine ist in vielfältiger Art und Weise möglich. Foto: Lufthansa.

Unten: Die Cargo-Ausführung verfügt über eine zusätzliche Frachtluke in der Rumpfseite. Über ein Beladesystem werden sogenannte „Iglus" an Bord gebracht. Foto: Lufthansa

Der ovale Querschnitt und die Cockpitverglasung fallen bei diesem Bild besonders auf.

Der Crew steht die übliche Avionik-Ausrüstung zur Verfügung, die aus einem Wetter-Radar im Rumpfbug, einer aus VHF- und HF-Geräten bestehenden Funkanlage, einem Instrument-Landing-System (ILS), einem Autopiloten und dem Langstrecken-Navigationssystem LORAN, besteht. Selbstverständlich kann die Basis-Ausrüstung jederzeit geändert und erweitert werden.

Den für den Betrieb der Anlagen erforderlichen Wechselstrom liefern je nach Modell bis zu vier von den Triebwerken angetriebene Generatoren mit einer Leistung von 30 oder 40 kVA. Vier 75A Umwandler-Gleichrichter sorgen für die Bereitstellung von 28V Gleichstrom. Zusätzlich stehen für Störfälle Batterien zur Verfügung.

Anzumerken bleibt, dass die 707 als erstes

Verkehrsflugzeug mit einer Wechselstrom-Anlage ausgestattet wurde. Der Grund dafür lag in den begrenzten Möglichkeiten eines Gleichstrom-Systems. Gleichwohl verlangte die amerikanische Luftfahrtbehörde FAA aus Sicherheitsgründen den zusätzlichen Einbau einer Gleichstrom-Anlage.

Die von AiResearch entwickelte kombinierte Klimaanlage/Druckkabine ist ebenfalls mit den Triebwerken verbunden.

Die Anlage baut in 10600 m Flughöhe einen Kabinendruck auf, der einer Höhe von 2100 m entspricht.

Während die Baureihe 300 zunächst Pratt & Whitney JT3C Triebwerke, die im Laufe der Fertigung durch JT4A desselben Herstellers ersetzt wurden, verwendete, erhielten die Modelle 300B und C das JT3D – eine Turbofan-Ausführung des JT3C.

Das JT3D basiert zwar weitgehend auf dem militärischen J57, wesentliche Unterschiede ergaben sich jedoch durch den Austausch der ersten drei Verdichterstufen gegen zwei Fanstufen, die einen deutlich größeren Durchmesser aufwiesen und somit vor dem eigentlichen Verdichtergehäuse angeordnet werden mussten. Außerdem wurde die dritte Turbinenstufe des Triebwerkes vergrößert und eine vierte Stufe installiert, um so genügend Leistung für den Antrieb des Niederdruckverdichters zu erhalten.

Während bei den von der 707 verwendeten JT3D-Versionen der Mantelstrom unmittelbar nach dem Passieren der Fanstufen außen an der Triebwerkgondel vorbeigeleitet wird, ging man bei späteren Ausführungen wie der Militär-Variante TF33, die unter anderem vom Lockheed Transportflugzeug C-141 „Starlifter" verwendet wird dazu über, den Mantelstrom am gesamten Triebwerk vorbeizuführen. In diesem Zusammenhang sind noch die „blow-in doors" im vorderen Bereich der Triebwerkgondel erwähnenswert. Sie öffnen sich bei Bedarf und führen dem Triebwerk mehr Luft zu.

Der äußerst erfolgreiche Antrieb - von den zivilen Modellen wurden rund 9000 Exemplare gebaut - verfügt über folgenden Aufbau: den zwei vorgeschalteten Fanstufen folgen sechs axiale Stufen für den Niederdruckverdichter und sieben Axial-Stufen für den Hochdruck-Verdichter. Eine Turbinenstufe für die Hochdruckturbine und zwei für die Niederdruckturbine sind vorhanden. Der Treibstoff wird in einer Ringbrennkammer verbrannt.

Das Trockengewicht und die Leistung sind von der jeweiligen Bauausführung abhängig. Das JT3D-3B erreicht eine Standleistung von 8156 kp (79,99 kN) und ein Trockengewicht von 1950 kg. Der maximale Durchmesser beträgt 1,35 m. Der Treibstoffverbrauch liegt im Durchschnitt bei 0,80 kg pro kp Schub und Flugstunde.

Am Ende der technischen Beschreibung steht das Fahrwerk, das ebenso wie die Bugradsteuerung, die Bremsen, die Servoruder und die äußeren Störklappen hydraulisch betätigt

wird, wobei zwei mit den Triebwerken verbundene Hydraulikanlagen mit einer Leistung von je 210 kg/m² die erforderliche Energie bereitstellen. Daneben ist noch ein Hilfssystem, dessen Herz aus einer elektrischen Pumpe besteht, für den Antrieb der Innen-Spoiler vorhanden.

Das doppeltbereifte Bugfahrwerk fährt nach vorne ein und wird durch zwei Klappen abgedeckt. Die mit einem Druck von 8,1 kg pro Quadratzentimeter aufgepumpten Reifen weisen eine Größe von 39 x 13 auf.

Sämtliche Einheiten des Dreibein-Fahrgestells sind mit Öl-Federbeinen ausgestattet, die die Landestöße auffangen. Das zweiachsige, von außen nach innen einschwenkende Hauptfahrwerk verfügt über jeweils vier Räder mit Reifen des Formats 46 x 16. Der Reifendruck beträgt 12,66 kg/m². Zum Ausrüstungsstandard des Hauptfahrwerkes gehört neben Scheibenbremsen noch eine Anti-Skid-Anlage. Die Abdeckklappen des Hauptfahrwerkes öffnen sich nur während des Bedienvorganges.

Linke Seite:Die Instrumentierung der Baureihen 400 und 300 war verschieden. Fotos: Lufthansa

Oben links: Eine Gesamtansicht des Flugdecks der 707-330. Foto: Lufthansa.

Oben rechts: Die abgenommenen Triebwerkverkleidungen gestatten einen Blick auf die Rolls-Royce "Conway" Triebwerke und ihre Schalldämpfer. Foto: Lufthansa.

Rechts: Hauptfahrwerk der 707. Foto: Lufthansa.

In Verbindung mit den Störklappen kann das Fahrgestell auch als Luftbremse verwendet werden, wodurch sich eine maximale Sinkrate von 4.750 m pro Minute erzielen läßt und somit ein rasches Absteigen des Flugzeuges im Notfall gestattet.

8 Anhang
Die Baureihen der 707 und 720

707-120

Erstflug 20. Dezember 1957. Basis-Version für den Einsatz auf Routen innerhalb der USA für bis zu 179 Fluggäste. Antrieb bestehend aus vier Pratt & Whitney JT3C-6 Turbojets (5662 kp / 55,54 kN). Die Produktion schaltete ab 1960 auf den Einbau von Turbofan-Triebwerken der Baureihe JT3D um, die in der Ausführung D-1 7701 kp (75,54 kN) bzw. D-3 8154 kp (79,99 kN) leisteten.

707-120 Kurz-Rumpf

Sondervariante für Qantas. Mit Ausnahme der von 44,04 auf 41 m verkürzten Rumpflänge und der Möglichkeit, einen Außenbehälter für ein Ersatztriebwerk mitführen zu können, entsprechen die ersten sieben Flugzeuge der 707-120 Basis-Version. Die letzten fünf Maschinen der Baureihe erhalten Turbofan-Triebwerke. Dieser Antrieb wird später in sämtliche Kurz-Rumpf-Flugzeuge eingebaut.

707-220

Eine weitere Spezialausführung. Diesmal für den Einsatz von heißen und hochgelegenen Flugplätzen aus. Der Erstflug dieser für Braniff bestimmten Variante erfolgte am 11. Juni 1959. Bevor das erste Flugzeug in den Einsatz gehen konnte, stürzte es am 19. Oktober 1959 während des Abnahmefluges ab. Dies blieb zugleich der einzige schwere Zwischenfall bei der Einführung des Musters, dessen Antrieb

Kurzrumpfversion 707-138. Die am 1. September 1964 eingeflogene Werk-Nr. 18740 weist, wie viele 707, eine wechselvolle Geschichte auf. Bevor das Flugzeug im August 1981 aus dem Flugbetrieb ausschied, wurde es von Qantas, Braniff, Boeing, Tracinda, Scheich Akram und TAG Aviation geflogen.

Oben: Britisch Airways übernahm als Nachfolger von BOAC deren 707-400 Flotte. Hier die Werk-Nr. 17707.

Unten: Boeing 720-047B Werk-Nr. 19523

aus Pratt & Whitney JT4A (7157 kp / 70,2 kN) bestand.

707-320

Interkontinental-Version und zugleich erfolgreichste Baureihe des Flugzeuges. Dem Erstflug des mit JT4A-Triebwerken ausgerüsteten Prototypen am 11. Januar 1959 folgte der Bau von 68 weiteren Flugzeugen, die sich auch durch neue Tragflächen von den Vorgängern unterschieden. Es schlossen sich die mit Turbofan-Triebwerken ausgestatteten Modelle -320B und -320C an, wobei die Baureihe C nochmals überarbeitete Tragflügel erhielt, die dann auch vom Modell B übernommen werden konnten.

Erfolgreichste Unterversion war die Ausführung C, die über eine zusätzliche Frachttür verfügt und wahlweise als Verkehrs- oder Transportflugzeug Verwendung findet.

Inoffiziell erhielt die für ein Abfluggewicht von 152.540 kg zugelassenen B- und C-Modelle den Zusatzbuchstaben H für Heavy.

707-420

Erste und einzige Variante mit Rolls-Royce „Conway"-Triebwerken der 8-Tonnen-Leistungsklasse. Das größere Seitenruder und die Heckflosse dieser 1959 eingeflogenen Baureihe wurde von anderen 707-Modellen übernommen.

707-720

Geplante Baureihe mit CFM-56 Triebwerken. Es blieb beim Bau eines Versuchsträgers, der am 27. November 1979 erstmals vom Boden abhob und später zur 707-320C umgebaut wurde.

720-020

Verkleinerte Ausführung der 707 mit einem auf 41,05 m verkürzten Rumpf und einem gegenüber der 707-120 von 53250 kg auf 50260 kg reduzierten Einsatzgewicht. Außerdem wurde der Tragflügel überarbeitet. Das Muster, das am 23. November 1959 den Jungfernflug absolvierte, wurde in 154 Exemplaren gebaut; eine große Anzahl davon in der Ausführung 720-020B mit Turbofan-Triebwerken der Baureihe JT3D-1 (7710 kp / 75,54 kN).

Die Militärvarianten

C-137

US Air Force Bezeichnung für militärisch eingesetzte 707. Als VIP-Transporter tragen die Flugzeuge die Kennung VC-137A, B und C. Drei VC-137B wurden zu einfachen Transportflugzeugen mit der Bezeichnung C-137B umgebaut. Vier C-137C entstanden durch den Umbau von zwei VC-137C sowie durch die Modifikation von zwei zivilen 707.

Die Streitkräfte Kanadas fliegen eine kombinierte Fracht-Tanker-Version als CC-137. Außerdem verwendet Boeing als Kennung für solche Sondervarianten die Bezeichnung KC-137.

C-18A

Es handelt sich um ehemalige Verkehrsflugzeuge, die zu Schulungsmaschinen umgebaut wurden. Vier dieser Flugzeuge wurden zwischenzeitlich zu „fliegenden Relaisstationen" unter der Kennung EC-18B umgerüstet. Ein weiteres Flugzeug diente als C-18B für Vorversuche im Rahmen des J-STARS-Programms.

EC-18C, EC-18D, TC-18E, TF-18F

Die Bezeichnung EC-18C war ursprünglich für die jetzige E-8 vorgesehen, während es sich bei der EC-18D um ein Spezialflugzeug für Lenkwaffenversuche handelt. Die TC-18E ist ein Crewtrainer für AWACS-Besatzungen und die TF-18F für die E-6 „Mercury".

EC-137D

Die zwei Prototypen des AWACS-Programms erhielten vorübergehend diese Bezeichnung.

E-3 „Sentry"

Das Standard-Frühwarnflugzeug der US Air Force entstand durch den Anbau einer tellerförmigen Radarkuppel auf der Rumpfoberseite. Heute fliegen verschiedene Versionen auch für die NATO, Saudi-Arabien, Großbritannien (E-3D) und Frankreich (E-3F).

KE-3

Saudi-Arabien ist einziger Betreiber dieses Tankflugzeuges, das zellenseitig auf der E-3 basiert und über CFM-56 Triebwerke verfügt.

E-3 „AWACS"

Die 707-123B Werk-Nr. 17647 wurde von American Airlines geordert und bis zu ihrem Verkauf im Jahre 1974 unter dem Namen "Arkansas" eingesetzt.

E-6 „Mercury"

Die US Navy bestellte 16 Exemplare dieser „fliegenden Funkstation", die dank ihrer extrem langen Schleppantenne die Verbindung zu Atom-U-Booten, die sich in sehr großen Tiefen aufhalten, herstellen kann. Zu Beginn der Entwicklung trug das Flugzeug den Namen „Hermes", der später durch „Mercury" ersetzt wurde.

E-8 „Joint STARS" bzw. J-STARS

Durch den Umbau von zwei ehemaligen Airlinern (Werknummern 19574 und 19626) entstand diese Ausführung zur Gefechtsfeld-Aufklärung (E-8A). Äußerlich unterscheidet sich diese Variante - auch J-STARS genannt - durch eine wannenähnliche Verkleidung, in der sich ein Seitenblick-Radar befindet, von den übrigen Modellen. Den E-8A Flugzeugen folgte eine YE-8B (Werknummer 24503) sowie zwölf E-8C. Weitere Umbauten sind geplant.

Modell- und Werk-Nummern, Stückzahlen

Modell	**707-121**
Auftraggeber	Pan American
Stückzahl	6
Werk-Nrn.	17586 bis 17591

Modell	**707-123**
Auftraggeber	American Airlines
Stückzahl	25
Werk-Nrn.	17628 bis 17652

Modell	**707-123B**
Auftraggeber	American Airlines
Stückzahl	30
Werk-Nrn.	18054, 18882 bis 18885 19185 bis 19188 19323 bis 19344

Modell	**707-124**
Auftraggeber	Continental
Stückzahl	5
Werk-Nrn.	17609 bis 17612, 18102

Modell	**707-131**
Auftraggeber	TWA
Stückzahl	15
Werk-Nrn.	17658 bis 17672

Wardair kaufte lediglich eine 707-311C, sie trug die Werk-Nr. 19789.

Modell	**707-131B**
Auftraggeber	TWA
Stückzahl	35
Werk-Nrn.	18385 bis 18397
	18400 bis 18404
	18758 bis 18762
	18986 bis 19989
	19215 bis 19223

Modell	**707-138**
Auftraggeber	Qantas
Stückzahl	7
Werk-Nr.	17696 bis 17702

Modell	**707-138B**
Auftraggeber	Qantas
Stückzahl	5
Werk-Nrn.	18067 bis 18069, 18834
	18739 bis 18740

Modell	**707-139**
Auftraggeber	Cubana (Auftrag storniert Auslieferung erfolgte an Western)
Stückzahl	2
Werk-Nrn.	17903 bis 17904

Modell	**707-153 (VC-137)**
Auftraggeber	US Air Force
Stückzahl	3
Werk-Nrn.	17925 bis 17927

Gesamtstückzahl Modell 707-100 und -100B = 138

Modell	**707-220**
Aufraggeber	Braniff International
Stückzahl	5
Werk-Nrn.	17691 bis 17695

Gesamtstückzahl Modell 707-200 = 5

Modell	**707-307C**
Auftraggeber	Luftwaffe
Stückzahl	4
Werk-Nrn.	19997 bis 20000

Modell **707-309C**
Auftraggeber China Airlines
Stückzahl 2
Werk-Nrn. 20261 bis 20262

Modell **707-311C**
Auftraggeber Wardair
Stückzahl 1
Werk-Nr. 19789

Modell **707-312B**
Auftraggeber Malaysia Singapore Airlines
Stückzahl 3
Werk-Nrn. 19737 bis 19739

Modell **707-320C**
Auftraggeber Boeing-Erprobungsträger
Stückzahl 1
Werk-Nr. 20008

Modell **707-321**
Auftraggeber Pan American
Stückzahl 20
Werk-Nrn. 17592 bis 17608
18083 bis 18085

Modell **707-321B**
Auftraggeber Pan American
Stückzahl 55
Werk-Nrn. 18832 bis 18842
18956 bis 18960
19264 bis 19266
19275 bis 19278
19361 bis 19366
19374, 19376, 19378
19693 bis 19699
20019 bis 20034

Modell **707-321C**
Auftraggeber Pan American
Stückzahl 59
Werk-Nrn. 18579 bis 18580, 18591
18714 bis 18718
18765 bis 18767
18790, 18824
19264 bis 19274
19367 bis 19373
19375, 19377, 19379
20016 bis 20018

Modell **707-321C**
Auftraggeber Continental Airlines
Stückzahl 2
Werk-Nrn. 18825 bis 18826

Modell **707-323B**
Auftraggeber American Airlines
Stückzahl 10
Werk-Nrn. 20170 bis 20179

Modell **707-323C**
Auftraggeber American Airlines
Stückzahl 36
Werk-Nrn. 18689 bis 18692
18938 bis 18940
19235 bis 19237
19380 bis 19384
19515 bis 19519
19574 bis 19577
19581 bis 19589
20087 bis 20089

Modell **707-324C**
Auftraggeber Continental Airlines
Stückzahl 11
Werk-Nrn. 18886 bis 18887
19177 bis 19178
19350 bis 19353
19869 bis 19871

Modell **707-327C**
Auftraggeber Braniff
Stückzahl 9
Werk-Nrn. 19104 bis 19108, 19940
19529 bis 19531

Modell **707-328**
Auftraggeber Air France
Stückzahl 21
Werk-Nrn. 17613 bis 17622
17918 bis 17924
18245 bis 18247, 18375

Modell **707-328B**
Auftraggeber Air France
Stückzahl 8
Werk-Nrn. 18456 bis 18459
18685 bis 18686, 18941
19291

Modell **707-328C**
Auftraggeber Air France
Stückzahl 9
Werk-Nrn. 18881, 19292
19521 bis 19522
19723 bis 19724
19916 bis 19917, 19986

Modell **707-329**
Auftraggeber Sabena
Stückzahl 10
Werk-Nrn. 17623 bis 17627
19211, 19996
20198 bis 20200

Modell **707-330B**
Auftraggeber Lufthansa
Stückzahl 12
Werk-Nrn. 18462 bis 18463
18819, 18923
18926 bis 18931
19315 bis 19316

Boeing 707-338C Werk-Nr. 18955

Modell	**707-330C**
Auftraggeber	Lufthansa
Stückzahl	6
Werk-Nrn.	18932, 18937, 19317 20123, 20124, 20395

Modell	**707-331**
Auftraggeber	TWA
Stückzahl	12
Werk-Nrn.	17673, 17675 bis 17676 17678 bis 17679 17681 bis 17682 17684 bis 17685 17687 bis 17688, 17690

Modell	**707-331**
Auftraggeber	Pan American
Stückzahl	6
Werk-Nrn.	17674, 17677, 17680 17683, 17686, 17689

Modell	**707-331B**
Auftraggeber	TWA
Stückzahl	38
Werk-Nrn.	18405 bis 18409, 18764 18913 bis 18918 18978 bis 18985 19224 bis 19227 19570 bis 19573 20058 bis 20067

Modell	**707-331C**
Auftraggeber	TWA
Stückzahl	15
Werk-Nrn.	18711 bis 18713 18756 bis 18757 19212 bis 19214, 19435 19566 bis 19567 20068 bis 20069 20428 bis 20429

Modell	**707-336C**
Auftraggeber	BOAC
Stückzahl	3
Werk-Nrn.	18924 bis 18925, 19498

Modell 707-337B
Auftraggeber Air India
Stückzahl 3
Werk-Nrn. 18708, 18873, 19247

Modell 707-337C
Auftraggeber Air India
Stückzahl 2
Werk-Nrn. 19248, 19988

Modell 707-338C
Auftraggeber Qantas
Stückzahl 21
Werk-Nrn. 18808 bis 18810
18953 bis 18955
19293 bis 19297
19621 bis 19630

Modell 707-340C
Auftraggeber PIA
Stückzahl 7
Werk-Nrn. 19284 bis 19286, 19866
20275, 20487 bis 20488

Modell 707-341C
Auftraggeber Varig
Stückzahl 3
Werk-Nrn. 19320 bis 19322

Modell 707-344
Auftraggeber South African Airlines
Stückzahl 3
Werk-Nrn. 17928 bis 17930

Modell 707-344B
Auftraggeber South African Airlines
Stückzahl 2
Werk-Nrn. 18891, 19133

Modell 707-344C
Auftraggeber South African Airlines
Stückzahl 5
Werk-Nrn. 19705 bis 19706
20110, 20230, 20283

Modell 707-345C
Auftraggeber Seabord World
Stückzahl 2
Werk-Nrn. 19840, 19842

Modell 707-347C (CC-137)
Auftraggeber Western
Stückzahl 10
(davon 5 an Canadian Armed Forces)
Werk-Nrn. 19963 bis 19967
20315 bis 20319

Modell 707-348C
Auftraggeber Aer Lingus
Stückzahl 4
Werk-Nrn. 18737, 18880, 19001
19410

Modell 707-349C
Auftraggeber Flying Tiger
Stückzahl 4
Werk-Nrn. 18975 bis 18976
19354 bis 19355

Modell 707-351B
Auftraggeber Northwest Airlines
Stückzahl 10
Werk-Nrn. 18584 bis 18586, 18693
18710, 19633 bis 19636
19872

Modell 707-351C
Auftraggeber Northwest Airlines
Stückzahl 26
Werk-Nrn. 18746 bis 18748
18888 bis 18889
18921 bis 18922
18964, 19034
19163 bis 19164
19168, 19209 bis 19210
19263, 19411 bis 19412
19434, 19443
19631 bis 19632
19773 bis 19777

Modell 707-353B (VC-137B)
Auftraggeber US Air Force
Stückzahl 2
Werk-Nrn. 18461, 20630

Modell 707-355C
Auftraggeber Executive Jet
Stückzahl 3
Werk-Nrn. 19416, 19664, 19986

Modell 707-358B
Auftraggeber El Al
Stückzahl 3
Werk-Nrn. 19004, 19502, 20097

Modell 707-358C
Auftraggeber El Al
Stückzahl 2
Werk-Nrn. 20122, 20301

Modell 707-359B
Auftraggeber Avianca
Stückzahl 2
Werk-Nrn. 19741, 20340

Modell	707-360C
Auftraggeber	Äthiopien
Stückzahl	1
Werk-Nr.	19736

Modell	707-365C
Auftraggeber	Airlift International
Stückzahl	1
Werk-Nr.	19416

Modell	707-365C
Auftraggeber	British Eagle
Stückzahl	1
Werk-Nr.	19590

Modell	707-366C
Auftraggeber	Egypt Air
Stückzahl	10
Werk-Nrn.	19844 bis 19845 20341 bis 20342 20760 bis 20763 20919 bis 20920

Modell	707-368C
Auftraggeber	Saudi Arabien
Stückzahl	8
Werk-Nrn.	19809 bis 19810, 21081 21103 bis 21104, 21261 21367 bis 21368

Modell	707-369C
Auftraggeber	Kuwait
Stückzahl	5
Werk-Nrn.	20084 bis 20086 20546 bis 20547

Modell	707-370C
Auftraggeber	Irak
Stückzahl	3
Werk-Nrn.	20889 bis 20891

Modell	707-372C
Auftraggeber	Airlift International
Stückzahl	2
Werk-Nrn.	20076 bis 20077

Boeing 707-382B Werk-Nr. 18961

Boeing 707-3F9C Werk-Nr. 20669

Modell	**707-373C**
Auftraggeber	World Airways
Stückzahl	9
Werk-Nrn.	18582 bis 18583, 18707 18891, 19441, 19715 19719, 19441 bis 19442

Modell	**707-373C**
Auftraggeber	TWA
Stückzahl	2
Werk-Nrn.	18709 bis 18738

Modell	**707-379C**
Auftraggeber	British Airways
Stückzahl	1
Werk-Nr.	19821

Modell	**707-379C**
Auftraggeber	Äthiopien
Stückzahl	1
Werk-Nr.	19820

Modell	**707-379C**
Auftraggeber	Varig
Stückzahl	2
Werk-Nrn.	19822, 19842

Modell	**707-382B**
Auftraggeber	Portugal
Stückzahl	2
Werk-Nrn.	189961 bis 18962

Modell	**707-384B**
Auftraggeber	Olympic Airways
Stückzahl	2
Werk-Nrn.	20035 bis 20036

Modell	**707-384C**
Auftraggeber	Olympic Airways
Stückzahl	4
Werk-Nrn.	18948 bis 18950, 19760

Modell	**707-385C**
Auftraggeber	Boeing-Versuchsträger
Stückzahl	1
Werk-Nr.	19760

Modell 707-385C
Auftraggeber American Airlines
Stückzahl 1
Werk-Nr. 19433

Modell 707-386C
Auftraggeber Iranair
Stückzahl 4
Werk-Nrn. 20287 bis 20288
20741, 21396

Modell 707-387B
Auftraggeber Aerolineas Argentinas
Stückzahl 4
Werk-Nrn. 19238 bis 19241

Modell 707-387C
Auftraggeber Aerolineas Argentinas
Stückzahl 2
Werk-Nrn. 19961 bis 19962

Modell 707-399C
Auftraggeber British Caledonian
Stückzahl 2
Werk-Nrn. 19415, 19767

Modell 707-3B4C
Auftraggeber MEA
Stückzahl 4
Werk-Nrn. 20224 bis 20225
20259 bis 20260

Modell 707-3B5C
Auftraggeber Korean Air
Stückzahl 1
Werk-Nr. 20522

Modell 707-3D3C
Auftraggeber ALIA
Stückzahl 2
Werk-Nrn. 20494 bis 20495

Modell 707-3F3B
Auftraggeber Argentinien
Stückzahl 1
Werk-Nr. 21070

Boeing 707-458 Werk-Nr. 18070

Boeing 720-025 Werk-Nr. 18162

Modell **707-3F5C**
Auftraggeber Portugal
Stückzahl 2
Werk-Nrn. 20514 bis 20515

Modell **707-3F9C**
Auftraggeber Nigeria
Stückzahl 3
Werk-Nrn. 20474, 20669, 21428

Modell **707-3H7C**
Auftraggeber Kamerun
Stückzahl 1
Werk-Nr. 20629

Modell **707-3J6B**
Auftraggeber CAAC
Stückzahl 4
Werk-Nrn. 20714 bis 20717

Modell **707-3J6B**
Auftraggeber CAAC
Stückzahl 6
Werk-Nrn. 20718 bis 20723

Modell **707-3J8C**
Auftraggeber Sudan
Stückzahl 2
Werk-Nrn. 20897 bis 20898

Modell **707-3J9C**
Auftraggeber Iranische Luftstreitkräfte
Stückzahl 14
Werk-Nrn. 20830 bis 20835
21123 bis 21129, 21475

Modell **707-3K1C**
Auftraggeber Tarom
Stückzahl 4
Werk-Nrn. 20803 bis 20805, 21651

Modell **707-3L5C**
Auftraggeber Libyien
Stückzahl 1
Werk-Nr. 21228

Boeing 720-051B Werk-Nr. 18688

Modell	**707-3L6B**
Auftraggeber	Malaysien
Stückzahl	1
Werk-Nr.	21049

Modell	**707-3M1C**
Auftraggeber	Pertamina
Stückzahl	1
Werk-Nr.	21092

Modell	**707-3P1C**
Auftraggeber	Qatar
Stückzahl	1
Werk-Nr.	21334

Modell	**707-3W6C**
Auftraggeber	Marokko
Stückzahl	1
Werk-Nr.	21956

Gesamtzahl 707-300, -300B und -300C = 583

Modell	**707-430**
Auftraggeber	Lufthansa
Stückzahl	5
Werk-Nrn.	17718 bis 17721, 18056

Modell	**707-436**
Auftraggeber	BOAC
Stückzahl	16
Werk-Nrn.	17703 bis 17717, 18411

Modell	**707-436**
Auftraggeber	BOAC-Cunard
Stückzahl	2
Werk-Nrn.	18412 bis 18413

Modell	**707-437**
Auftraggeber	Air India
Stückzahl	6
Werk-Nrn.	17722 bis 17724, 18055 18414 bis 18415

Modell **707-441**
Auftraggeber Varig
Stückzahl 3
Werk-Nrn. 17905 bis 17906, 18694

Modell **707-458**
Auftraggeber El-Al
Stückzahl 3
Werk-Nrn. 18070 bis 18071, 18357

Modell **707-465**
Auftraggeber Cunard Eagle
Stückzahl 1
Werk-Nr. 18372

Modell **707-465**
Auftraggeber BOAC
Stückzahl 1
Werk-Nr. 18373

Gesamtzahl 707-400 = 37

Modell **707-700**
Auftraggeber Boeing-Versuchsträger
später als 707-3W6C an Marokko geliefert
Stückzahl 1
Werk-Nr. 21956

Modell **720-022**
Auftraggeber United Airlines
Stückzahl 29
Werk-Nrn. 17907 bis 17917
18044 bis 18050
18072 bis 18082

Modell **720-023**
Auftraggeber American Airlines
Stückzahl 10
Werk-Nrn. 18013 bis 18022

Modell **720-023B**
Auftraggeber American Airlines
Stückzahl 15
Werk-Nrn. 18023 bis 18037

Modell **720-024B**
Auftraggeber Continental Airlines
Stückzahl 8
Werk-Nrn. 18416 bis 18419, 18587
18763, 19002 bis 19003

Modell **720-025**
Auftraggeber Eastern Airlines
Stückzahl 15
Werk-Nrn. 18155 bis 18164
18240 bis 18244

Modell **720-027**
Auftraggeber Braniff International
Stückzahl 5
Werk-Nrn. 18064, 18065, 18154
18423, 18581
18066 wurde nicht
abgenommen und direkt
an FAA abgegeben

Modell **720-027**
Auftraggeber Luftfahrtbehörde FAA
Stückzahl 1
Werk-Nr. 18066

Modell **720-030B**
Auftraggeber Lufthansa
Stückzahl 8
Werk-Nrn. 18057 bis 18060
18248 bis 18251

Modell **720-040B**
Auftraggeber PIA
Stückzahl 4
Werk-Nrn. 18378 bis 18380, 18745

Modell **720-047B**
Auftraggeber Western Airlines
Stückzahl 27
Werk-Nrn. 18061 bis 18063, 18167
18451 bis 18453
18588 bis 18590, 18749
18818, 18820
18827 bis 18830, 18963
19160 bis 19161
19207 bis 19208
19413 bis 19414
19438 bis 19439, 19523

Modell **720-048**
Auftraggeber Aer Lingus
Stückzahl 3
Werk-Nrn. 18041 bis 18043

Modell **720-051B**
Auftraggeber Northwest Airlines
Stückzahl 13
Werk-Nrn. 18351 bis 18356
18420 bis 18422
18687 bis 18688
18792 bis 18793

Modell **720-051B**
Auftraggeber Boeing
Stückzahl 4
Werk-Nrn. 18381 bis 18384

Modell **720-058B**
Auftraggeber El Al
Stückzahl 2
Werk-Nrn. 18424 bis 18425

Modell **720-059B**
Auftraggeber Avianca
Stückzahl 3
Werk-Nrn. 18066, 18087, 18831

Modell **720-060B**
Auftraggeber Äthiopien
Stückzahl 3
Werk-Nrn. 18454 bis 18455, 18977

Modell **720-062**
Auftraggeber Pacific Northern
Stückzahl 2
Werk-Nrn. 18376 bis 18377

Modell **720-068B**
Auftraggeber Saudi-Arabien
Stückzahl 2
Werk-Nrn. 18165 bis 18166

Modell **720-074B**
Die von Iraqi Airways georderten Flugzeuge 18687 und 18688 wurden nicht ausgeliefert, sondern von Northwest Airlines übernommen.

Gesamtzahl 720-000 = 154

Militärische Baureihen und Werknummern

20518, 20519	EC-137D (Umbau zu E-3B)
21046	JE-3C
21047	E-3B
21185	E-3A (Umbau zu E-3B)
21207-21209	E-3A (Umbau zu E-3B)
21250	E-3A (Umbau zu E-3B)
21434-21437	E-3A (Umbau zu E-3B)
21551-21556	E-3A (Umbau zu E-3B)
21752-21757	E-3A (Umbau zu E-3B, 21756 zu E-3C)
22829-22837	E-3A (Umbau zu E-3C)
22838-22855	E-3A (NATO Flugzeuge)
23417-22421	E-3A (Saudi-Arabien)
23422-23429	KE-3A (Saudi-Arabien)
23430	E-6A
23889-23894	E-6A
24109-24114	E-3D
24115-24117	E-3F
24499	E-3D
24500-24502	E-6A
24503	YE-8B
24504	E-6A
24505	E-6B
24506-24509	E-6A
24510	E-3F

Gesamtzahl EC-137D, E-3 und KE-3A = 76
Gesamtzahl E-6 = 16
Gesamtzahl E-8 = 1

Umbauflugzeuge E-8

19293-19296	E-8C (ex 707-338C)
19442	E-8C (ex 707-373C)
19574	E-8A (ex 707-323C)
19621-19622	E-8C (ex 707-338C)
19626	E-8A (ex 707-338C)
20016	E-8C (ex 707-321C)
20495	E-8C (ex 707-3D3C)

Weitere Flugzeuge befanden sich Anfang 2000 im Umbau.

Produktionszahlen insgesamt :

Modell 707-120/120B	= 138
Modell 707-220	= 5
Modell 707-320/320B/ 320C	= 583
Modell 707-420	= 37
Modell 720	= 154
EC-137D, E-3, KE-3A, E-6, E-8	= 93
	1010

Baubeschreibung: Modell 707-300C

Typ:
Vierstrahliges Langstrecken-Verkehrs- und Frachtflugzeug.

Besatzung:
Flugzeugführer, Co-Pilot, Navigator, Bordingenieur sowie eine unterschiedliche Anzahl von Flugbegleitern.

Tragflächen:
Freitragende, zweiholmige Tragflügel in Tiefdeckeranordnung und „fail-safe" Metallbauweise. Pfeilung an der 25%-Linie 35 Grad. Einstellwinkel 2 Grad. V-Stellung 7 Grad. Flügeltiefe an der Spitze 2,84 m, an der Wurzel 10,33 m.

Die Hinterkante jeder Tragfläche ist wie folgt aufgebaut: Verkleidungsklappe, Landeklappe, Querruder, äußere Landeklappe und äußeres Querruder. Während die Landeklappen hydraulisch operieren, werden die Querruder durch Hilfsruder angetrieben. Die inneren Querruder dienen zur Steuerung um die Querachse im Schnellflug. Die äußeren Querruder lassen sich nur bei gesetzten Fowler-Klappen aktivieren. Vor jeder Landeklappe ist ein hydraulisch betätigter Spoiler angeordnet, der nicht nur die Funktion der Querruder unterstützt, sondern auch als Luftbremse fungiert.

Zwei hintereinander angeordnete Reihen Wirbelerzeuger erstrecken sich von Spoiler zu Spoiler.

In der mittels Triebwerkzapfluft eisfrei gehaltenen Flügelnase sind Krüger-Klappen als Auftriebshilfen integriert.

In den Tragflächen befinden sich vier Haupt- und zwei Reservetanks. Im Flügelmittelkasten ist darüber hinaus ein Zentralbehälter angeordnet. Das Gesamtfassungsvermögen beträgt 94083 Liter. Der Kraftstoff wird entweder über Druck- oder Schwerkrafteinfüllstutzen aufgenommen.

Rumpf:
Nach dem „fail-safe"-Prinzip in Schalenbauweise erstellter Ganzmetall-Rumpf. Kabinenlänge ohne Flugdeck 33,99 m. Maximales Sitzplatzangebot 215, in Reihen zu je sechs Sitzen, geteilt durch einen Mittelgang. Trennung der Kabine in Fracht- und Passagierabteile sowohl längs als auch quer möglich. Vier Bordküchen und fünf Toiletten gehören zur normalen Ausstattung. Einstieg über zwei 183 x 86 cm große Türen auf der vorderen und hinteren linken Rumpfseite. Servicetüren in der rechten Rumpfhälfte.

Zwischen der vorderen Passagiertür und der Flügelvorderkante ist eine Frachtluke mit den Maßen 231 x 340 cm angeordnet. Zwei Unterflurstauräume mit einem Rauminhalt von 23,65 m³ und 24,50 m³ sind vorhanden.

Leitwerk:
Freitragendes in Ganzmetall-Bauweise ausgeführtes gepfeiltes Leitwerk. Der Einstellwinkel des Höhenruders, in dem sich Trimm- und Hilfsruder befinden, ist veränderbar. Wirbelerzeuger befinden sich unter dem Höhenruder. Das Seitenruder wird kraftbetätigt. Eine elektrische Enteisung der Leitwerksvorderkanten kann auf Wunsch installiert werden. Teilweise ist eine Heckflosse vorhanden.

Fahrwerk:
Hydraulisch betätigtes Drei-Bein-Fahrwerk mit Goodyear-Scheiben-Bremsen und Anti-Skid-System von Hydro-Air. Die steuerbare, doppeltbereifte Bugeinheit schwenkt nach vorne ein und wird durch zwei Klappen abgedeckt. Die Reifen der Größe 39 x 13 weisen einen Druck von 8,10 kg/cm² auf.
Das Hauptfahrwerk besteht aus zweiachsigen Einheiten mit jeweils vier Rädern des Formats 46 x 16. Der Reifendruck beträgt 11,25 kg/cm². Die Haupteinheiten schwenken von außen nach innen ein. Die im Flügelmittelkasten befindlichen Fahrwerkschächte werden durch Klappen, die sich nur während des Bedienvorganges öffnen, abgedeckt.

Triebwerke:
Vier Pratt & Whitney Turbofan-Triebwerke der Baureihe JT3D-3 oder JT3D-3B mit einer Nennleistung von 8156 kp (79,99 kN).

Systeme:
Druckkabine und Klimaanlage von AiResearch. Angetrieben durch Generatoren, die mit den Triebwerken verbunden sind. Arbeitsleistung 0,60 kg/cm².

Für die Betätigung der Landeklappen, des Fahrwerkes, der Bugradsteuerung, der Bremsen, der Spoiler und des Seitenruders steht eine Hydraulikanlage mit einer Leistung von 210 kg/cm² zur Verfügung.

Vier mit den Triebwerken verbundene Generatoren liefern 30 kVA 115/200 Wechselstrom, der durch Umwandler auf 28 V Gleichstrom geändert werden kann.

Avionik:
Die werkseitige Ausstattung besteht aus einem Wetter-Radar, der üblichen Funkausrüstung, Funkhöhenmesser, ILS-Anlage, dem Navigationssystem LORAN und VOR-Empfänger. Da die Ausrüstung von Betreiber zu Betreiber sehr unterschiedlich ist, kann eine gemeingültige, detaillierte Aufzählung der verwendeten Geräte nicht erfolgen.

Technische Daten der zivilen Baureihen

1. Abmessungen

Spannweite:
39,87 m Modell 120, 120B, 138, 220, 720 und 720B
43,41 m Modell 320 und 420
44,42 m Modell 320B und C

Gesamtlänge:
41,00 m Modell 138
41,50 m Modell 720
41,72 m Modell 720B
44,04 m Modell 120 und 220
44,22 m Modell 120B
46,61 m Modell 320, 320B, 320C und 420

Höhe:
11,56 m Modell 720
12,47 m Modell 720B
12,67 m Modell 320, 320B, 320C und 420
12,80 m Modell 120, 120B, 138 und 220

Flügelfläche:
226,04 m² Modell 120, 120B, 138, 220, 720 und 720B
268,68 m² Modell 320 und 420
279,64 m² Modell 320B und C

Querruderfläche:
11,15 m² Modell 120, 120B, 138, 220, 720 und 720B
11,24 m² Modell 320, 320B, 320C und 420

Landeklappenfläche:
33,63 m² Modell 120, 120B, 138, 220, 720 und 720B
40,51 m² Modell 320 und 420
44,22 m² Modell 320B und C

Seitenleitwerkfläche:
30,47 m² sämtliche Modelle

Seitenruderfläche:
9,48 m² sämtliche Modelle

Höhenleitwerkfläche:
46,45 m² Modell 120, 138, 220 und 720
50,63 m² Modell 120B und 720B
58,06 m² Modell 320, 320B, 320C und 420

Höhenruderfläche:
10,95 m² Modell 120, 120B, 138, 220, 720 und 720B
14,03 m² Modell 320, 320B, 320C und 420

Spannweite Höhenleitwerk:
12,09 m Modell 120, 138, 220 und 720
13,21 m Modell 120B und 720B
13,92 m Modell 320, 320B, 320C, 420

Max. Rumpfdurchmesser:
3,76 m sämtliche Modelle

Max. Kabinenbreite:
3,55 m sämtliche Modelle

Max. Kabinenhöhe:
2,31 m sämtliche Modelle

Passagiertüren:
183x86 cm sämtliche Modelle

Frachttür:
231x340cm Modell 320C

Unterflur-Frachttür, vorne:
122x127cm sämtliche Modelle

Unterflur-Frachttür, hinten:
76x84 cm sämtliche Modelle

Spurweite Hauptfahrwerk:
6,73 m 707-Modelle
6,68 m 720-Modelle

Radstand:
14,94 m Modell 138
15,44 m Modell 720 und 720B
15,95 m Modell 120, 120B und 220
17,98 m Modell 320, 320B, 320C und 420

2. Massen
Betriebsmasse:
50260 kg Modell 720
52390 kg Modell 720B
52480 kg Modell 138
53520 kg Modell 120
55340 kg Modell 220
55790 kg Modell 120B
60320 kg Modell 420
61235 kg Modell 320
62595 kg Modell 320C
63500 kg Modell 320B

Max. Startmasse:
103870 kg Modell 720
106140 kg Modell 720B
112037 kg Modell 220
115475 kg Modell 138
141520 kg Modell 320, 420
148325 kg Modell 320B
151950 kg Modell 320C
152540 kg Modell 320B und C „Heavy"

Max. Nutzlast:
12790 kg Modell 720
18370 kg Modell 720B
21320 kg Modell 120B
21770 kg Modell 220
22680 kg Modell 320B
22990 kg Modell 138
23590 kg Modell 120
24950 kg Modell 320
25855 kg Modell 420
43545 kg Modell 320C

3. Leistungen
Max. Reisegeschwindigkeit :
919 km/h Modell 120
956 km/h Modell 420
967 km/h Modell 720
969 km/h Modell 138
973 km/h Modell 220, 320
976 km/h Modell 320B,320C
1001 km/h Modell 120B,720B

Wirt. Reisegeschwindigkeit :
854 km/h Modell 420
862 km/h Modell 138
865 km/h Modell 220
876 km/h Modell 320
884 km/h Modell 120
886 km/h Modell 320B,320C
897 km/h Modell 120B, 720 und 720B

Überziehgeschwindigkeit bei max. Landemasse und ausgefahrenen Landeklappen:
179 km/h Modell 320 B
184 km/h Modell 720
187 km/h Modell 720B
191 km/h Modell 138
196 km/h Modell 320C
198 km/h Modell 120B
203 km/h Modell 220,320,420
206 km/h Modell 120

Steigleistung auf NN:
427 m/min Modell 120
448 m/min Modell 138
640 m/min Modell 420, 720
700 m/min Modell 320C
722 m/min Modell 320B
870 m/min Modell 220
880 m/min Modell 320
987 m/min Modell 120B
1125 m/min Modell 720B

Startstrecke auf 10,7 m:
1885 m Modell 720B
2270 m Modell 120B
2505 m Modell 220
2865 m Modell 720
3170 m Modell 138
3215 m Modell 120,320,420
3270 m Modell 320B
3420 m Modell 320C

Landestrecke aus 15 m:
1820 m1 Modell 320
1890 m Modell 720
1900 m Modell 220, 320
1935 m Modell 120,138,720B
1995 m Modell 120B
2220 m Modell 320, 420

Dienstgipfelhöhe:
9600 m Modell 120, 138
10850 m Modell 320C
11000 m Modell 220, 320B
11275 m Modell 420
11340 m Modell 320
11735 m Modell 720
11890 m Modell 120B
12350 m Modell 720B

Reichweite mit max. Kraftstoffvorrat, ohne Reserven:
7485 km Modell 120, 220
8430 km Modell 120B, 720
8450 km Modell 138
9950 km Modell 720B
10840 km Modell 320, 420
11970 km Modell 320C
12250 km Modell 320B

Reichweite mit max. Nutzlast, ohne Reserven:
4950 km Modell 120
5245 km Modell 220
5890 km Modell 138
6690 km Modell 720B
6820 km Modell 120B,320C,720B
7370 km Modell 420
7450 km Modell 320
9915 km Modell 320B

Die Leistungsdaten beruhen auf Werksangaben. Abweichungen sind je nach Flugmasse, Flughöhe und Außentemperatur - um nur einige Faktoren zu nennen - möglich

Die Boeing 707 und 720 der Deutschen Lufthansa

Boeing 707A (707-430)

Werk-Nr. 17718, D-ABOB „Hamburg"
Der am 18. Dezember 1959 mit dem Kennzeichen N31240 eingeflogene Airliner wurde am 25. Januar 1960 an die DLH geliefert. Im Juni 1976 übernahm die DLH-Tochter „Condor" den Jet, der nur noch bis zum 27. September im Einsatz blieb. Das Flugzeug wurde dann vom US-Carrier Trans Air mit der Registrierung N9986F übernommen und später auf das Kennzeichen 9Q-CRT zugelassen. Nach einem Unfall am 9. August 1977 kam es zur Verschrottung der Maschine.

Werk-Nr. 17719, D-ABOC „Berlin"
Nachdem das Flugzeug am 17. Februar 1960 seinen Erstflug absolviert hatte, erfolgte am 10. März des Jahres die Ablieferung an die DLH. Zwischen dem 1. April 1970 und der Ausmusterung der Maschine am 19. Dezember 1976 flog die 707 wechselseitig sowohl bei der DLH als auch bei der „Condor". 1977 übernahm M.M. Landy unter der Kennung N64739 das Flugzeug, um es schon bald zum Frachter umzurüsten. Ab August 1978 wurde die Maschine leihweise an Interconair als EI-BFN abgegeben. Im Januar 1979 erhielt M.M. Landy den Jet zurück und verkaufte ihn schließlich im September 1979 an United African Airlines, jedoch wurde die nun mit 5A-CVA registrierte 707 schon bald ausgemustert.

Werk-Nr. 17720, D-ABOD „Frankfurt"
Bereits 19 Tage nach seinem am 5. April 1960 erfolgten Jungfernflug konnte der Jet der DLH übergeben werden. Hier stand das Flug-

Betankung der 707-430 D-ABOC „Berlin". Foto: Lufthansa.

zeug bis zum 1. Dezember 1975 im Einsatz. Während dieser Zeit brachte es die „Frankfurt" auf 59024 Flugstunden und 20783 Landungen. Bevor die Maschine am 15. Juni 1976 aus der Luftfahrzeugrolle gestrichen wurde, machte sie noch kurz als „Filmstar" von sich reden. Die Bavaria Filmgesellschaft München mietete das Flugzeug zu einem Preis von DM 60.000, um es als „Air Force One" für Filmaufnahmen zu verwenden. Anschließend übernahm die Ausbildungsabteilung der Lufthansa die D-ABOD, bis sie im Sommer 1999 zu einem symbolischen Preis von 1 Euro an den Hamburger Flughafen verkauft wurde, um hier als Museumsflugzeug und Blickfang zu dienen.

Werk-Nr. 17721, D-ABOF „München"

Der Werdegang dieses am 9. September 1960 eingeflogenen und am 1. Oktober 1960 abgelieferten Flugzeuges ist mit der „Berlin" vergleichbar. Auch diese 707 flog zeitweilig bei der „Condor" und wurde nach seiner Ausmusterung am 30. April 1977 an M.M. Landy verkauft. Der Carrier verlieh die Maschine an verschiedene Betreiber unter den Kennzeichen N90498, 9G-ACK und 3C-ABI.

1981 wurde das Flugzeug von Liberia Overseas Airlines gekauft und bis zum Juli 1983 mit der Kennung EL-AJC geflogen. Anschließend erfolgte die Verschrottung.

Werk-Nr. 18056, D-ABOG „Bonn"
Als letztes DLH-Flugzeug der Baureihe 707-400 trat der Airliner am 17. März 1961 in den Dienst der Gesellschaft. Der Erstflug der Maschine datiert vom 23. Februar 1961.

Nach 59593 Flugstunden und 18823 Landungen schied das Flugzeug am 22. September 1976 bei der DLH aus. Anschließend wurde es als Frachter mit dem Kennzeichen N9985F bei Air Trine und M.M. Landy, sowie bei Interconair und Air Trans eingesetzt. Im August 1978 übernahm Anderson Aviation den Jet, der von da an die Kennung 3C-ABH trug. Später wurde die 707 an Hank Walton und schließlich an BATA International ausgeliehen. Im März 1984 erfolgte die Stillegung der Maschine, die im März 1989 bei einer Feuerwehrübung auf dem Ben Gurion Flughafen in Tel Aviv verbrannt wurde.

Boeing 707B (707-300B)

Werk-Nr. 18462, D-ABOV „Duisburg"
Zunächst als D-ABOS registriert nahm der Airliner, dessen Jungfernflug am 15. Februar 1963 erfolgte, am 28. Februar 1963 seinen Einsatz bei der Lufthansa auf. Nach 45182 Flugstunden und 13809 Landungen trennte sich die Gesellschaft am 13. Juni 1974 von dem Flugzeug, das zeitweise von der „Condor" geflogen wurde. Erwerber der Maschine war LAN Chile, die den Jet anfänglich unter dem Namen „Vina del Mar" und später „Renaca" einsetzte, wobei das Kennzeichen CC-CCG lautete. Heute befindet sich das Flugzeug im Besitz des Mueso Nacional de Aeronautica Chile.

Werk-Nr. 18463, D-ABOT „Düsseldorf"
Nach dem Erstflug am 24. Februar 1964 erfolgte am 5. März des Jahres die Ablieferung. Aufgrund eines Unfalls am 19. Dezember 1973 in New Delhi musste die Maschine als Totalschaden abgeschrieben werden.

Werk-Nr. 18819, D-ABOX „Köln"
Am 10. Januar 1965 konnte die Lufthansa den am 23. Dezember 1964 eingeflogenen Jet übernehmen. Als das Flugzeug am 12. Februar 1981 aus der DLH-Flotte ausschied, blickte es auf beachtliche 66432 Flugstunden und 18574 Landungen zurück. Auch nach dieser Leistung befand sich die Maschine, wie alle 707 der DLH, in einem ausgezeichneten Zustand, so dass sich in Form der Air Zimbabwe sofort ein Käufer fand. Das neue Kennzeichen lautete VP-WKR (später Z-WKR). Seagreen Air Transport übernahm im September 1991 die nun mit 5Y-AXM registrierte Maschine. 1995 erfolgte die Ausmusterung.

Werk-Nr. 18923, D-ABUB „Stuttgart"
Von diesem Airliner gibt es nur wenig zu berichten. Dem Jungfernflug am 16. Juli 1965 folgte am 4. August 1965 die Ablieferung an die DLH, die das Flugzeug bis zum 30. April 1981 in ihrer Flottenliste führte und es anschließend an Air Zimbabwe verkaufte. Hier erhielt der Airliner die Kennung VP-WKS (Z-WKS). Das Flugzeug wurde am 17. November 1997 aus dem Einsatz genommen.

Werk-Nr. 18926, D-ABUC „Bremen"
Dieses Flugzeug weist die kürzeste Einsatzzeit auf. Am 12. September 1965 erstmals geflogen und am 5. Oktober des Jahres abgeliefert, schied es bereits am 5. April 1967 nach nur 5453 Flugstunden und 3138 Landungen aus den Diensten der Lufthansa aus. LAN Chile übernahm den Jet und setzte ihn mit dem Kennzeichen CC-CEA und dem Namen „Torres del Paine", später „Volcan Llaima", ein. 1995 erfolgte der Verkauf an die Chilenischen Luftstreitkräfte, die das Flugzeug zum Tanker umbauen ließen und es nach wie vor einsetzen.

Werk-Nr. 18927, D-ABUD „Nürnberg"
Der Einsatz dieses Flugzeuges, das am 11. November 1975 erstmals flog und am 24. des Monats der Lufthansa überstellt werden konnte, weist keine Höhen und Tiefen auf. Nachdem die Maschine am 15. April 1982 ausgemustert worden war, übernahm Air Zimbabwe das Flugzeug, nun mit der Registrierung VP-WKV (Z-WKV). Später kaufte Seagreen Air Transport den Jet, der 1993 die Kennung 5Y-AXI erhielt.

Werk-Nr. 18928, D-ABUF „Hannover"
Mit 72886 Flugstunden und 22237 Landungen ein „Arbeitspferd" unter den 707 der DLH.

Dem Erstflug am 7. Dezember 1965 und der Übergabe am 1. Januar 1966 folgte ein wechselseitiger Einsatz sowohl bei der Lufthansa als auch bei der „Condor". Am 11.Mai 1984 schied das Flugzeug aus dem aktiven Dienst aus. Lowa Ltd. übernahm 1984 den Jet, der seitdem unter dem Kennzeichen N5381X flog. Seit 1985 setzt Jet Aviation die 707 als N88ZL ein.

Werk-Nr. 18929, D-ABUG „Essen"
Zwischen der Auslieferung der Maschine am 7. Januar 1966 (Erstflug 29.Dezember 1965)

Lufthansa

Boeing 707-30B D-ABUB "Stuttgart". Foto: Lufthansa.

Boeing 707-330C D-ABUI in den Farben der German Cargo.

und dem Ausscheiden am 18. Mai 1985 lagen fünfzehn Einsatzjahre, die das Flugzeug zeitweise bei der „Condor" absolvierte.

Auch dieser Jet wurde von Air Zimbabwe und zwar unter der Kennung VP-WKT übernommen.

Nach dem Ausscheiden aus dem aktiven Dienst im Jahre 1988 dient das Flugzeug als Restaurant, wobei die Triebwerke ausgebaut sind.

Werk-Nr. 18930, D-ABUH „Dortmund"

Erneut ein Flugzeug ohne wechselvolle Geschichte. Am 7. Januar 1966 eingeflogen, trat die Maschine bereits acht Tage später in den Dienst der Gesellschaft. Als der Airliner am 15. April 1982 aus der Flotte ausschied, konnte er auf 67.517 Flugstunden und 19.714 Landungen verweisen. Air Zimbabwe übernahm den Jet als VP-WKU (Z-WKU). Wenngleich die 18930 Ende 1997 auf mehr als 86.000 und 27.344 Landungen verweisen konnte, wurde sie von Turbine Services, Miami, übernommen und im April 1998 an Interflight Airline Marketing verkauft.

Werk-Nr. 18931, D-ABUK „Bochum"
Auch dieses Flugzeug gehört zur Gruppe der „Langzeit-Jets". Dem Jungfernflug vom 18. März 1966 und der am 27. des Monats erfolgten Auslieferung schloss sich ein Einsatz bis zum 5. November 1980 an. Nach einer Generaldurchsicht konnte der Airliner im Januar 1981 an die Vereinigten Arabischen Emirate abgegeben werden. Hier erhielt die Maschine das Kennzeichen A6-UAE. 1986 erfolgte der Verkauf an Sudan Airways (ST-NSR). 1995 wurde die Maschine abgewrackt.

Werk-Nr. 19315, D-ABUL „Duisburg"
Am Silvestertag des Jahres 1966 eingeflogen, konnte die Ablieferung am 20. Januar 1967 erfolgen. Im Mai 1984 übernahm die „Condor" das Flugzeug, setzte es jedoch nur bis zum 29.Dezember des Jahres ein. Somali Airlines übernahm am 22. April 1985 den Jet mit dem Kennzeichen 6O-SBS. Das Flugzeug wechselte dann mehrfach den Betreiber, bis es 1990 von Boeing als „Ersatzteillieferant" für die KC-135E aufgekauft wurde. Gegenwärtig steht das Flugzeug auf der Davis-Monthan Air Force Base.

Werk-Nr. 19316, D-ABUM „Bremen"
Als letztes Flugzeug der Baureihe 707-330B traf der Airliner, dessen Jungfernflug am 20. Januar 1967 erfolgte, am 30. Januar 1967 bei der Lufthansa ein. Bis zum Ausscheiden aus dem aktiven Dienst am 29. Oktober 1984 brachte es das Flugzeug auf 69393 Flugstunden und 18612 Landungen. Somali Airlines kaufte auch diesen Jet aus den Beständen der Lufthansa. Die mit 6O-SBT registrierte 707 wurde am 17. Mai 1989 total beschädigt, als die Besatzung einen Start in Nairobi abbrechen musste. Die 69 Passagiere und die Crew kamen mit dem Schrecken davon.

Boeing 707C (707-330C)

Werk-Nr. 18932, D-ABUE „America"
Dem Erstflug am 26. Februar 1966 schloss sich am 11. März die Ablieferung an die DLH an. Im Mai 1977 mietete die Lufthansa-Tochter German Cargo Services (GCS) das Flugzeug, das gegen Ende 1984 über 73300 Flugstunden aufweisen konnte. Nachdem German Cargo die Maschine an die DLH zurückgab, erfolgte im Mai 1985 der Verkauf an Transbrasil, die das Flugzeug mit der Kennung PT-TCO einsetzte. Nach einem Unfall am 11. April 1987 in Manaus musste die Maschine als Totalschaden aufgegeben werden.

Werk-Nr. 18937, D-ABUA „Europa"
Auch dieses Flugzeug - Erstflug 28. Oktober 1965, Auslieferung 10. November 1965 - wurde 1977 von German Cargo geleast. Als der Jet im Januar 1985 an die Lufthansa zurückgegeben wurde, wies er mehr als 75600 Flugstunden auf. Ab dem 17. Oktober 1985 flog die Maschine unter der Kennung VR-HTC und dem Namen „Perth" bei der in Hongkong ansässigen Transcorp Airways. 1986 erfolgte der Anbau von „hush-kits" und die Namensänderung „Brisbane". Das Flugzeug wurde in den 90er Jahren mehrfach weiter verliehen und in Arabien sowie in Afrika eingesetzt. Seit Dezember 1995 wird es unter der Kennung HC-BTB von AECA geflogen.

Werk-Nr. 19317, D-ABUI „Asia"
Das Flugzeug, dessen Jungfernflug am 21. Februar 1967 erfolgte, weist einen ähnlichen Lebenslauf wie die „America" auf. Nach der am 6. März 1967 erfolgten Ablieferung stand der Jet bis zum April 1979 bei der DLH im Einsatz. Dann mietete German Cargo den Airliner bis zum Dezember 1984. Im Februar 1985 übernahm Transbrasil (PT-TCM) das Flugzeug. Über AeroBrasil Cargo gelangte das Flugzeug 1994 in den Besitz von Omega Air. Diese Gesellschaft gab die 707 1996 an den Vorbesitzer zurück. AeroBrasil Cargo verlieh die Maschine im Dezember 1996 an BETA Cargo, die den Jet seitdem mit dem Kennzeichen PP-BSE fliegt.

Werk-Nr. 20124, D-ABUO „Australia"
Am 1. Mai 1969 eingeflogen und acht Tage später ausgeliefert, tat das Flugzeug zunächst bei der Lufthansa Dienst. Zwischen November 1978 und Oktober 1984 wurde es an German Cargo ausgeliehen und am 3. Oktober 1984 an die Hill Eight Corporation als N707HE verkauft. Hier erhielt die 707 den Namen „Curry Wurst"! Nachdem das Flugzeug mehrfach weiter veräußert bzw. verliehen wurde, erfolgte 1998 die Ausmusterung.

Werk-Nr. 20395, D-ABUY „Essen"
Am 16. Oktober 1970 erhielt die DLH ihre letzte 707. Das am 7. Oktober 1970 zum Erstflug gestartete Flugzeug wurde 1978 an El Al ausgeliehen und verunfallte am 26. Juli 1979 in Rio de Janeiro. Bei dem Totalschaden waren drei Tote zu beklagen.

Boeing 720-030B

Werk-Nr. 18057, D-ABOH „Köln"
Nach dem Jungfernflug am 14. Februar 1961 erfolgte am 8. März die Übernahme durch die DLH, die das Flugzeug bereits drei Jahre später, am 12. März 1964, an Pan American abgab. Hier flog die Maschine mit der Registrierung N783PA und dem Namen „Bonita" bis zum Jahre 1973. Dann übernahm Avianca den Jet als HK-677 „Liborio Majia". Unter Beibe-

LUF
BOEING
720
LUFTHA
BOEING
INTERCONTINENTAL

Während im Vordergrund mit der D-ABOG "Bonn" ein Flugzeug der Baureihe 707-430 zu sehen ist, fliegt im Hintergrund die 720-030B D-ABOH "Köln". Foto: Lufthansa.

haltung der Kennung flog die 720 ab Februar 1977 bei SAM. Im Mai 1980 erfolgte die Verschrottung.

Werk-Nr. 18058, D-ABOK „Düsseldorf"

Der Einsatz dieses Flugzeuges war nur von kurzer Dauer. Dem Erstflug am 14. April 1961 und der am 29. des Monats erfolgten Auslieferung folgte am 4.Dezember 1961 während eines Trainingsfluges in der Nähe von Ebersheim der Absturz und Totalverlust. Drei Tote.

Werk-Nr. 18059, D-ABOL „Stuttgart"

Der Werdegang des Flugzeuges entspricht dem der D-ABOH „Köln" und kann daher stichwortartig wiedergegeben werden. Erstflug 21. April 1961. Abnahme 3. Mai 1961. Ausmusterung 31.März 1964. Abgabe an Pan Am als N784PA „Panama". Im April 1973 an Avianca als HK-676 „Francisco Antoniozea". Im März 1977 unter dem selben Kennzeichen an SAM als „ Cartagena de Indias". Im Mai 1980 an Avianca zurückgegeben. Zu Beginn der 80er Jahre wechselte die 720 mehrfach den Betreiber, bis es 1983 von Boeing als „Ersatzteillieferant" für die KC-135E übernommen wurde.

Werk-Nr. 18060, D-ABOM „Nürnberg"

Dieses Flugzeug weist eine recht wechselvolle Geschichte auf. Dem Jungfernflug vom 17. Mai 1961 und der am 2. Juni 1961 erfolgten Übernahme durch die DLH schloss sich die längste Dienstzeit einer 720 bei der Lufthansa an; so schied das Flugzeug erst am 26. Januar 1966 bei der Gesellschaft aus. Zunächst von Pan Am als N785PA „Balbao" übernommen, wechselte der Airliner ab April 1973 rasch von Betreiber zu Betreiber. Der Ariana (YA-HBA) folgten unter dem Kennzeichen N3746E International Air Leases und Kibris Hava Yollari und ab Oktober 1980 Aerotal (HK-2558X später HK-2558). Nachdem das Flugzeug 1983 stillgelegt wurde, erfolgte 1984 die Verschrottung.

Werk-Nr. 18248, D-ABON „Hannover"

Jungfernflug 20. Dezember 1961. Übernahme 5. Januar 1962.

Im Dezember 1962 kam es wegen eines eingeklemmten Bugrades zu einer Notlandung in London, die glimpflich verlief. Die „Hannover" wies nur geringe Schäden auf und konnte schon bald erneut eingesetzt werden. Auch dieses Flugzeug wurde nach seinem am 17. Dezember 1965 erfolgten Ausscheiden von Pan American übernommen (N786PA „Winged Arrow"), dann im November 1972 an Avianca als HK-749 abgegeben und zeitweise unter Beibehaltung des Kennzeichens unter der Flagge von SAM geflogen. Im Dezember 1980 wurde das Flugzeug verschrottet.

Werk-Nr. 18249, D-ABOP „Bremen"

Der am 4. Januar 1962 eingeflogene Airliner hatte kein Glück. Die am 13. Januar 1962 übernommene Maschine stürzte bereits am 15. Juni 1964 anläßlich eines Trainingsfluges über Süddeutschland ab. Ursächlich war eine Überlastung der Zelle, so dass die 720 in der Luft demontierte. Elf Tote.

Werk-Nr. 18250, D-ABOQ „Essen"

Unter der US-Kennung N93137 absolvierte das Flugzeug am 9. Januar 1962 seinen Erstflug. Die Übernahme erfolgte am 23. März 1962, die Ausmusterung am 14. Februar 1966. Erneut trat Pan American als Käufer auf. Die Gesellschaft flog den Jet als N787PA „Guiding Star" bis 1972, dann übernahmen zunächst Alia (JY-ADS) und schließlich PIA (AP-AZP) das Flugzeug, das 1981 verschrottet wurde.

Werk-Nr. 18251, D-ABOR „Dortmund"

Hier zeichnet sich eine Parallele zur „Essen" ab. Nach dem Erstflug und der Abnahme am 16. bzw. 27. Februar 1962 und dem Ausscheiden am 1. Dezember 1965 übernahm Pan American den Airliner als N788PA „Nonpareli". Ab November 1972 flog die Maschine bei Alia, wo sie das Kennzeichen JY-ADT und den Namen „City of Madaba" trug. 1983 übernahm Sierra Leone Airlines den Jet mit dem Kennzeichen 9L-LAZ und dem Namen „Spirit of Friendship". Im Juni 1985 kaufte Boreas Corp. die 720, die nun die Kennung N720BC erhielt. Bereits im Oktober 1985 erfolgte der Verkauf an Boeing, um hier als „Ersatzteillieferant" für die KC-135E zu dienen.

Die Boeing 707 der Luftwaffe

Werk-Nr. 19997, 10+01 „Otto Lilienthal"

Das Flugzeug absolvierte seinen Jungfernflug am 19. September 1968. Die Ablieferung an die Luftwaffe erfolgte am 30. September des Jahres. Der letzte Flug für die Luftwaffe wurde am 16. Januar 1997 durchgeführt. Im Sommer 1998 übernahm die NATO das Flugzeug als Transport- und Trainingsflugzeug für die AWACS-Flotte.

Werk-Nr. 19998, 10+02 „Hans Grade"

Nach dem Erstflug am 27. September 1968 übernahm die Luftwaffe am 15. Oktober 1968 die Maschine, die ihren letzten Flug für die Bundeswehr am 20. April 1999 durchführte. Anschließend erfolgte die Verlegung in die USA, wo Northrop Grumman mit dem Umbau zur Militärvariante E-8 Joint STARS für die USAF begann.

Unter dem Namen des Luftfahrtpioniers August Euler flog die 10+03 bis zum November 1999 für die Luftwaffe viele Einsätze, darunter auch zahlreiche Hilfsflüge in alle Welt.

Werk-Nr. 19999, 10+03 „August Euler"
Nur wenige Tage nach seinem Erstflug am 24. Oktober 1968 wurde das Flugzeug nach Deutschland überführt, wo es am 31. des Monats eintraf. Nach der Ausmusterung am 4. November 1999 wartet die Maschine auf ihren Verkauf nach Nordamerika.

Werk-Nr. 20000, 10+04 „Hermann Köhl"
Auch dieses Flugzeug schied am 4. November 1999 aus dem Dienst bei der Luftwaffe aus. Die 707 wurde, wie ihr Stallgefährte 10+01, von der NATO für die in Geilenkirchen stationierte AWACS-Flotte übernommen.

Weitere deutsche Betreiber der 707 und 720

Werk-Nr. 17637, D-ALAM
Werk-Nr. 17638, D-ALAL
Im November 1970 übernahm Paninternational - vormals Panair - zwei 707-123B zum Einsatz auf dem Touristik-Sektor. Bereits im folgenden Jahr wurde der Geschäftsbetrieb eingestellt.
Werk-Nr. 17697, D-ADAP
Werk-Nr. 17701, D-ADAQ
Die im Sommer 1970 gegründete Air Commerz Flug mit Sitz in Hamburg erwarb zwei 707-138B von Qantas, um auf dem Fracht- und Passagiermarkt zu operieren. Das Unternehmen wurde im September 1972 aufgelöst.
Werk-Nr. 18162, D-ACIP
Werk-Nr. 18163, D-ACIQ
Werk-Nr. 18240, D-ACIR
Werk-Nr. 18242, D-ACIS
Werk-Nr. 18244, D-ACIT
Die im November 1970 aus der 1965 gegründeten Transportflug hervorgegangene Calair Flug übernahm im März 1972 fünf 720-025 von der Fluganlagen KG. Auch Calair konnte sich nicht durchsetzen und musste bereits im Mai 1972 aufgeben.

Bibliografie (Auswahl)

Boeing Aircraft since 1916
Peter M. Bowers, Putnam Aeronautical Books, London 1989

Boeing 707 : Ein Kapitel Lufthansa Geschichte
Herausgeber Deutsche Lufthansa AG, Köln 1984

Classic Civil Aircraft : Boeing 707
Alan J. Wright, Ian Allan Ltd., Shepperton 1990

The Boeing 707
Barry J. Schiff, Aero Publishing, Fallbrook 1982

The Boeing 707
Alfred Price, Profile Publications, London 1967

Jane's all the World's Aircraft
Herausgeber John W.R. Taylor, London, diverse Ausgaben

Bildquellen
Heinz Birkholz
Boeing Company
Deutsches Museum
Helmut Gerresheim
Rudolf Höfling
Gerhard Lang
Lufthansa
Claus Wiest
Sammlung Becker

Eine der ersten Boeing 707 war die Boeing 707-121 (N707PA) der Pan American. Die Maschine wurde am 19. Dezember 1958 ausgeliefert. Pan Amercan hatte 128 Boeing 707 der Serien -120 und -320 in seiner Flotte (Foto: PanAm).